KB217568

과학은
흐른다

그린이 신영희는 회화를 공부했고 인형과 아이, 순정만화를 좋아합니다. 글쓴이 정혜용은 철학을 공부했고 민속과 여행에 관심이 많습니다. 두 사람은 '우리만화연대' 회원으로 만나서 1995년부터 「무적의 동창생들」(여자와닷컴), 「연두네 집」(녹색소비자연대 소식지) 등 여러 만화를 인쇄물과 웹진에 함께 연재했습니다. 1999년 과학문화 포털사이트 '사이언스올'에 「만화로 보는 과학문명사」를 연재하기 시작하여 2004년 『과학은 흐른다』라는 이름으로 처음 책을 펴냈습니다.

감수자 박성래 선생님은 서울대 물리학과를 졸업하고 미국 캔자스대학 사학과에서 석사를, 미국 하와이대학에서 역사학 박사 학위를 받았습니다. 한국과학사학회 회장, 문화재 전문위원, 국사편찬위원회 위원, 중앙교육위원회 심의위원, 한국외국어대 명예교수로 있습니다. 『한국인의 과학 정신』 『민족 과학의 뿌리를 찾아서』 『한국사에도 과학이 있는가』 『이야기 과학사』 『재미있는 과학 이야기』 등의 책을 지었습니다.

2010년 4월 30일 초판 1쇄 펴냄
2013년 3월 29일 초판 2쇄 펴냄

그린이 신영희
글 정혜용
감수 박성래

펴낸곳 부키(주)
펴낸이 박윤우
등록일 2012년 9월 27일
등록번호 제312-2012-000045호
주소 120-836 서울 서대문구 신촌로3길 15 산성빌딩 6층
전화 02) 325-0846
팩스 02) 3141-4066
홈페이지 www.bookie.co.kr
이메일 webmaster@bookie.co.kr
ISBN CODE 978-89-6051-073-9 64400
978-89-6051-072-2 (전5권)

잘못된 책은 바꿔 드립니다.
책값은 뒤표지에 있습니다.

New 과학은 흐른다

만화 신영희 | 글 정혜용 | 감수 박성래

석기 시대~고대 그리스 1

부·키

추천의 글

흔히 과학 기술은 어렵고 이해하기 힘들다고 생각하여 다가가기 꺼려하는 경우가 많다. 이런 편견을 없애고 일반인들이 과학 기술에 친근하게 다가갈 수 있도록 그동안 다양한 노력들이 시도되어 왔다. 과학 기술을 활용한 연극을 만든다거나 과학을 소재로 컴퓨터 게임을 개발하여 놀이로 접하는 것 등은 최근에 과학 대중화 사업에서 많이 활용하는 방식 가운데 하나이다. 과학을 소재로 흥미로운 이야기를 만들어 내는 과학 스토리텔링 작업과 과학을 알기 쉽게 그림으로 소개하는 과학의 시각화 역시 대중과 효과적으로 소통하는 좋은 방편이다.

내가 초등 교육을 받기 전에 우리 가족은 어려운 살림살이에 좀 보탬이 될까 싶어 조그마한 만화방을 운영한 적이 있다. 물론 1년도 안 되어 경영난으로 문을 닫긴 했지만 내게는 엄청나게 행복한 시절이었다. 하루 종일 방 안에 처박혀 만화에 심취할 수 있었으니 말이다. 그 바람에 유치원 갈 형편이 되지 못했던 나는 만화를 보며 한글을 깨쳤다.

내가 어렸을 때 본 만화는 주로 일본책을 번역한 것이었다. 학교 선생님이나 부모님들이 염려하던 폭력적이고 선정적인 내용도 있었지만, 그 중에는 문학 작품을 요약한 것이나 과학 기술에 관련된 유익한 것도 많았다. 과학을 소재로 한 만화 가운데 나에게 가장 커다란 영향을 준 것은 아폴로 11호의 달 착륙을 전후해서 만들어진 한 만화책이었다. 아폴로 11호는 한국 시간으로 1969년 7월 16일 발사되어 21일 달에 착륙하고 이어 다시 지구로 돌아왔는데 그 모든 과정이 전 국민에게 생중계되었다. 이 방송은 당시 최고의 시청률을 기록하면서 과학 기술에 대한 국민적 관심을 불러일으키는 데 중요한 역할을 하였다.

달에 대한 관심이 높아지면서 천문우주를 소재로 한 만화책도 등장하였다. 나는 그런 만화책으로 우주에 대한 다양한 정보를 얻을 수 있었고, 학교 신문에 아폴로 달 착륙을 기념하는 특집기사를 실을 때 천문우주에 관한 글을 써서 선생님에게 칭찬을 받았던 기억도 난다. 만화책을 통해 얻은 정보로 학교에서 과학에 소양이 있는 어린이로 인정을 받았던 것이다.

어린 시절 과학에 흥미를 느낀 나는 대학에서 물리학을 전공하였고, 나중에는 인문학에 대한 관심과 결합되어 대학에서 과학사를 강의하게 되었다. 과학사를 전공하는 내가 만화로 된 과학사 책을 접하니 불현듯 만화책으로 과학을 배우던 어린 시절이 생생하게 떠오른다.

만화로 과학을 설명하면 내용이 빈약할 수 있다는 선입관을 가질 수도 있을 터이다. 하지만 제대로 기획된 만화라면 이런 우려를 상당 부분 잠재울 수 있다. 외국에서는 이미 난해한 아인슈타인의 상대성이론을 만화로 소개하는 책이 나와서 커다란 반향을 일으킨 적도 있으니 말이다. 『New 과학은 흐른다』가 소개하는 내용도 웬만한 과학사 개론서에 견주어도 손색이 없다. 이집트, 메소포타미아, 마야, 아스텍, 잉카, 그리스, 인도 등에 관한 고대 과학 기술사는 오히려 개론서 수준을 뛰어넘고 있다. 나도 과학사 개론 시간에 이렇게 자세히 고대 과학사를 다루지는 못한다.

이 책의 또 다른 장점은 과학뿐만 아니라 각 시대의 배경과 역사적 사실, 심지어는 철학적인 내용도 흥미롭게 다루고 있다는 점이다. 인문학을 전공한 사람들이 과학사 만화에 참여한 것이 장점으로 작용한 좋은 예라 할 수 있다. 과학사의 구체적인 내용도 오랜 세월 기본으로 자리 잡은 서양의 과학사 책을 참고했기 때문에 역사적 사실을 별다른 왜곡 없이 잘 소화하였다. 물론 만화라는 특성상 주로 일화가 강조되었기에 부분적으로 역사를 단순화한 측면이 있기는 하지만 이것이 과학사의 전체 흐름을 왜곡하고 있지는 않다.

만화를 보며 과학에 흥미를 느끼고 그것을 계기로 자연스레 과학을 전공하게 된 내가 만화로 된 과학사를 접하니 그 기쁨이 더욱 크다. 문득 나에게 과학사를 배운 학생들이 이 만화를 읽어 보고 강의와 비교해 보는 것도 흥미로울 것 같다는 생각이 든다. 이 책으로 과학사의 기본 상식을 갖춘다면 본격적으로 과학사를 배우는 데 무척 도움을 받을 것이다. 무엇보다 이 책은 과학사를 접하기 힘든 수많은 사람들에게 과학의 흐름을 이해하는 좋은 길잡이가 될 것이다.

2010년 4월

임경순(포스텍 인문사회학부 교수)

감수의 글

그림은 내게 두 가지 놀라움이다.

나는 초등학교 때부터 미술 시간만 되면 주눅이 들었다. '그림'을 그려 무언가를 표현한다는 사실, 이것은 지금도 가끔 내게 놀라움으로 다가온다. 또 하나는 무언가를 설명하고자 할 때 '그림'을 이용하여 전달할 수 있다는 사실이 그것이다. 평생 강의를 하면서 살아온 내게 두 번째 사실은 특히나 요원한 것이었다.

강의를 하다 보면 자주 '이 내용은 그림을 그려 설명하면 좋을 텐데….' 하고 아쉬움을 느낄 때가 많다. 그 아쉬움이 더할수록 그림을 못 그리는 것에 대한 안타까움은 커져만 갔다. 그런데 그저 시시하기 그지없는 그림이려니 생각했던 만화가 이렇게 훌륭한 교육 수단이 될 수 있다는 사실을 발견하고 더욱 놀랐다. 시대가 변하면서 만화가 점점 더 다양한 분야에서 효과적인 정보 전달 수단으로 각광받고 있다는 것을 실감한다.

이번에 『New 과학은 흐른다』를 추천하지 않을 수 없는 배경에는 이런 개인적인 감정이 밑에 깔려 있음을 고백하지 않을 수 없다.

평생을 과학사를 공부하고 가르쳐 왔지만 사실 만화로 과학사를 설명할 수 있다고는 거의 생각해 본 적이 없다. 그런데 『New 과학은 흐른다』는 방대한 과학사를 간결하고 단순한 그림으로 설명하고 있어 오히려 더 설득력 있게 다가온다.

그러면서 나는 생각한다. 21세기로 접어든 지금, 과학 기술은 더욱 맹렬한 기세로 세상을 바꿔 가고 있다. 이런 세상을 제대로 이해하기 위해서는 지식인은 모름지기 역사를 알아야 한다고 믿는다. 그 가운데서도 특히 과학 기술의 역사를 조금은 익혀 둬야 최근 몇 세기 동안 벌어진 세계사를 이해하기 쉽고, 또 앞으로의 놀라운 변화를 예측하고 적응해 갈 수 있다.

특히 한국은 근대 과학 기술의 본고장이 아니다. 우리가 역사를 어떤 식으로 해석해 보아도 근대 과학 기술은 유럽에서 시작하여 전 세계로 퍼져 나갔다는 사실을 부정할 수는 없다. 이 때문에 과학 기술을 먼저 발달시킨 서양이 세계 문명을 압도하여 세상을 그들의 지배 아래 놓아 버렸음도 우리는 인정하지 않을 수 없다. 그렇게 시작된 서양 중심의 세계화는 이제 그 꼭짓점을 지나 또 다른 세상으로 접어들기 시작하는 듯하다.

세계사의 이런 변화의 길목에서 한국이 앞선 나라 사이에 자리 잡아 나아갈 수 있으려면 과학 기술의 발전에 부지런해야 한다. 그러기 위해서는 원래 서양 것이던 과학 기술을 우리에게 친근한 문화로 만들려는 노력이 필요하다. 나는 오래전 '민족 과학'이란 표현을 만들어 쓴 적이 있는데 그 이유도 바로 이런 바람에서 비롯된 것이었다.

이번에 부키가 내는 『New 과학은 흐른다』도 그런 나의 노력의 한 갈래가 아닐까 싶다. 누구나 세계의 과학 기술사를 조금은 알게 되는 것, 그것이 개인의 발전에만 도움되는 일이 아니라 결국은 국가의 과학 기술력을 높이는 밑거름이 되기 때문이다. 이를 바탕으로 앞으로 더 복잡한 현대의 과학 기술사도 소개하는 만화가 계속 나오기를 바란다. 더불어 동아시아와 한국의 과학사를 만화로 소개하는 책도 나올 수 있다면 얼마나 좋을까 하는 생각을 해 본다.

2010년 4월

박성래(한국외국어대학교 사학과 명예교수)

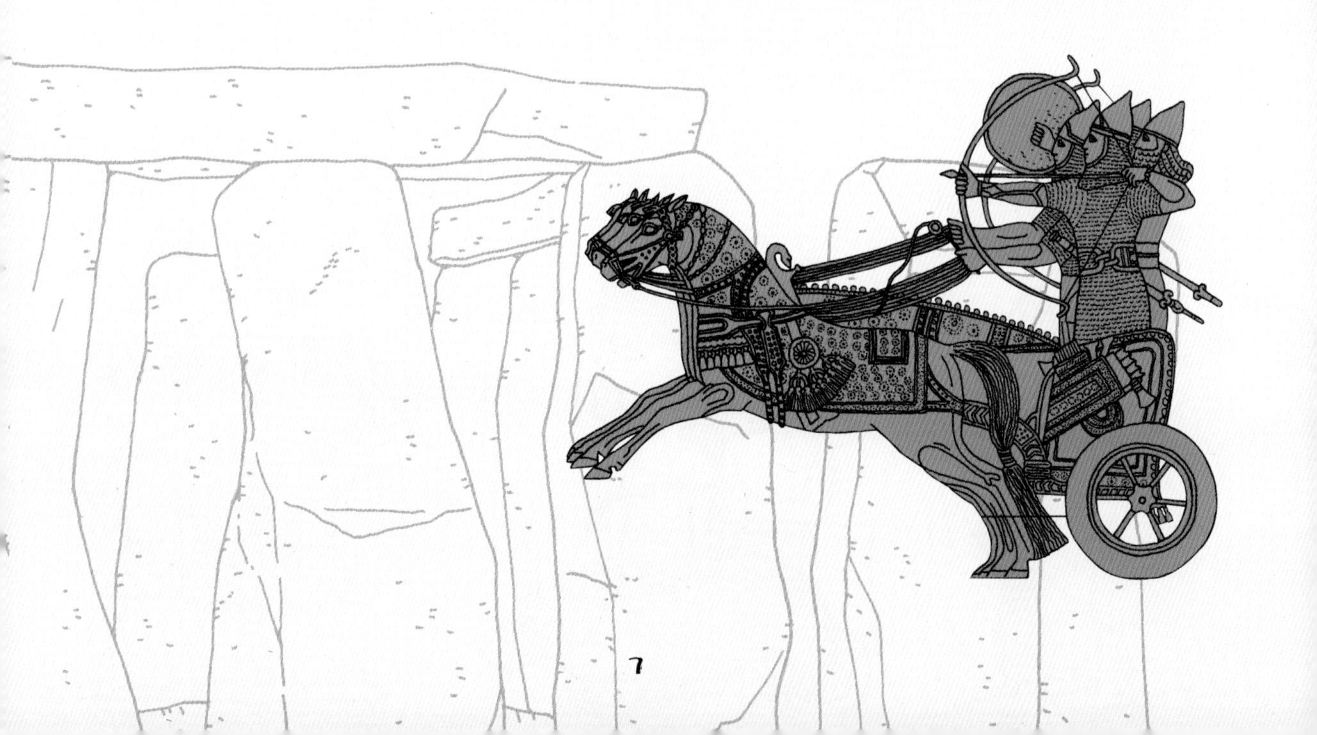

책을 펴내며

사는 건 예나 지금이나 퍽 힘든 일입니다. 사람들은 모두 배곯지 않게 먹을 것이나 따뜻이 입을 것을 구해야 했고, 고단한 몸을 누일 공간을 마련해야 했습니다. 이런 일은 하루 종일 부지런히 일하거나 돌아다녀도 쉬이 끝나지 않을 때가 많았을 겁니다. 그런 힘든 삶 속에서도 당장의 먹을 것과 입을 것을 구하는 것에 만족하지 않고, 좀 더 행복한 내일을 위해 지식을 가다듬으며 마주친 모든 삶의 조건과 싸워온 결과 우리 손에 남겨진 것이 지식과 예술일 겁니다.

이 같은 생각을 하며 들여다보는 지식의 역사에선 땀 냄새가 납니다. 꿈을 꾸고 그것을 이루기 위해 뛰어다녔을 사람들의 가쁜 숨소리가 들리는 것 같습니다. 성공하여 아름다운 이름을 역사에 남긴 사람이건 시간의 물결에 휩쓸려 가뭇없이 사라진 무명자이건 그들은 진지하게 삶을 변화시키기 위해 노력했고, 대단히 혁신적이었을 발견과 발상을 통해 좀 더 희망적인 미래를 이끌어 낸 사람들입니다.

이 책을 만든 작가들은 과학자들의 이런 도전에 감동하고 매혹당해서 과학이 오랜 세월 해왔으며 지금도 하고 있는 기나긴 싸움을 만화로 형상화해 보기로 마음먹었습니다. 만화를 통해 '과학의 역사'라는 흥미로운 분야를 친근하고 생생하며 폭넓게 표현해 보여 주는 것, 과학사에 관심을 가진 많은 사람에게 작가들과 같은 과학의 매력을 느끼도록 하는 것, 참 신나는 기획이었습니다.

알면 아는 만큼 생생하게 되살아나서 자기 얘기를 해대는 과학자들과 어우러져 노는 것도 재미있었습니다. 그러나 아무리 의욕적이었더라도 이 작업은 '과학의 역사'가 위대하고 방대한 만큼 무척이나 어려웠습니다. 그 넓고 깊은 지식을 다 끌어안기에는 우리의 역량이 많이 부족했기에 내용을 이해하지 못하여 표류하거나 자료나 정보의 부족으로 방향을 잃곤 했습니다. 가끔은 중간에 그만두고 싶기도 했지요. 결국 출간에 긴 시간이 걸렸고 그 결과 『과학은 흐른다』가 부끄럽고 힘겹게 세상에 나왔습니다.

그러고서 5년이 흘렀습니다. 5년 동안 작가들은 이 책 덕분에 울고 웃었습니다. 중고등학생에서 성인까지 독자를 대상으로 한 책이었지만 만화라는 매체의 특성상 어린이들도 많이 본다는 얘기에 당황하기도 했고, 따끔한 충고와 과분한 격려도 많이 들었습니다. 특히 독자들과 만날 때 느낀 감격은 정말 특별합니다. 이 책으로 외국의 만화 축제에 초대받아 참여하기도 했고, 외국어로 이 책을 읽은 독자들과 소통하는 것은 경이로웠습니다. 외국에서 만난 이슬람권 과학사 연구자가 이 책의 이슬람 과학사 부분에 대해 칭찬해 줄 때는 만국 보편의 언어인 만화의 힘에 새삼 놀라며 감격하기도 했습니다.

지난 5년간 더 배우고 공부한 것을 바탕으로 틀린 곳을 고치고 약간의 내용을 보태어 『New 과학은 흐른다』를 내게 되었습니다. 우리는 이 책으로 다음 책을 이어 나갈 힘을 다시 얻을까 합니다. 이 책을 보는 모든 분께 큰 감사를 드립니다.

2010년 4월

정혜용 · 신영희

책을 재미있게 보려면

옛사람들과 같이 호흡해 보세요

우리가 지금 당연하게 알고 있는 자연 법칙이나 과학 공식들은 인류의 수많은 노력과 실수를 통해 발견되고 만들어진 것입니다. "어라? 이런 것도 몰랐어?"라고 웃어넘기기 전에 한 번쯤 그 시대의 사람이 되어 보세요. "아, 이때는 이런 방법을 썼구나! 머리 좋은데? 나 같으면 어떻게 풀었을까?" "으으…. 이걸 몇 년이나 붙잡고 있다니, 대단한 끈기다!" 아마 이렇게 공감하는 부분이 많아질 거예요. 이렇게 옛 시대 사람들과 같이 생각하고 느끼다 보면 어느새 과학의 발전 단계가 피부로 느껴질 겁니다.

역사 속 인물과 친해져 보세요

아리스토텔레스, 프톨레마이오스, 레오나르도 다빈치…. 이런 유명한 사람들, 이름을 들어 보기는 했는데 왜 유명해진 걸까? 이런 사람들을 백과사전에서 찾아봅니다. 그런데 빽빽하기만 한 글자들, 무슨 소리인지 잘 이해하기 어려운 내용들로 머릿속이 더 복잡해지고 맙니다. 그럴 때 이 책을 펼쳐 보세요. 여기에 나오는 과학자들은 여러분과 친해지고 싶어 하거든요. 역사 속 인물들의 친절한 설명을 들으면 딱딱하기만 했던 'ㅇㅇ 법칙'이 재미있게 이해될 겁니다.

몰랐던 과학 속 이야기를 찾아보세요

중세에는 이발사가 외과 수술도 하고 심지어 해부까지 했다던데? 아라비아숫자가 사실은 인도에서 만들어진 거라며? 천 년도 훨씬 전에 이미 자동판매기를 만들었고, "유레카!"를 외치며 부력의 원리를 밝힌 아르키메데스는 지구를 들어 올릴 수 있는 방법도 생각한 괴짜 과학자였다던데….

과학사에 얽힌 이런 이야기들, 혹시 들어 보신 적 있으세요? 바로 이 안에 그런 과학사 이야기들이 실려 있답니다. 과학자들과 웃고 울 수 있는 이야기들을 찾다 보면 과학이 정말 친근하게 다가올 겁니다.

책을 알차게 보려면

문명별, 분야별로 살펴보세요

인종마다 다른 특징이 있듯이 문명도 자연환경이나 종교 등의 차이로 저마다 다릅니다. 같은 문명 안에서도 분야에 따라 발전의 차이가 있고요. 여기서는 고대 문명은 이렇게 문명별로 나눠서 특성을 구분해 놓았답니다. 고대가 지나면 과학이 좀 더 세분화되어 생물학, 물리학, 수학 등 분야별로 나눠지기 시작합니다. 이런 분야별 과학도 발달의 차이가 있어요. 이 책은 문명별, 분야별로 나눠서 특성과 차이를 설명하고 있습니다.

연표도 한 번씩 펼쳐 보세요

이 책을 보다가 갑자기 지금 읽는 부분이 인류 문명의 어느 단계인지 궁금해지신다면 한눈에 모든 단계를 볼 수 있는 연표를 펼쳐 보세요. 과학의 흐름과 인류의 역사를 같이 짚어 볼 수 있는 특별한 연표를 이 책 뒤에 만들어 놓았답니다. 인물로 찾아도 되고, 연도로 찾아도 되고, 사건으로 찾아도 되는 편리한 연표랍니다.

시대적 배경을 미리 보세요

메소포타미아 문명은 왜 점성술을 중시한 걸까? 르네상스 시대엔 왜 인본주의가 발달했을까? 책을 읽다 보면 문득 이런 의문들이 들 거예요. 그렇다면 검은 바탕 만화들을 찾아보세요. 메소포타미아 문명은 전쟁이 많아서 점성술이 발달했고, 르네상스 시대에는 왕의 권력이 교회보다 커지면서 인본주의가 발달했다는 이유가 나와 있을 거예요. 이렇게 검은 바탕의 만화에는 그 시대의 역사와 시대 상황들을 미리 알 수 있도록 짧게 요약해 놓았답니다. 시대에 대한 지식을 먼저 접하면 그 시대 과학이 훨씬 쉽게 다가옵니다.

New 과학은 흐른다 1

| 석기 시대~고대 그리스 |

2권 차례

3권 차례

4권 차례

5권 차례

과학사란 무엇인가?

안녕하세요!

과학의 역사를 알기 위해 여기 오신 것을 환영합니다.

음, 과학의 역사?
줄여서 과학사!

자! 그럼 우선 여러분들이 과학사에 대해 어떻게 생각하는지 들어 볼까요?
과학사란 무엇이라고 생각하는지 큰 목소리로 얘기해 주세요!

?

이게… 뭐지요?

아!

알았어요. 그렇게 고민하실 필요 없습니다.
그러니까 먼저 이것부터 시작해 보지요.

과학이란 뭘까요?

아! 뭐 꼭
어려운 말로
설명하려고
애쓸 거 없어요.
그냥
생각나는
대로….
음,
실험?
아! 맞다, 유전자 복제.
SF!
과학자들?
사과는 와
떨어지노?
그래도 지구는
돈다니께!
흠
외계인?
곤충 채집!
자연 탐구!
윽,
내 성적표….
과학 사회 가정
90 25 80
글쎄?
침대는
가구가 아니라
과학입니다.

와, 정말 다양하군요.
재미있지요?
아이고
….
이게
뭐야?
넌 뭐
이런 걸
과학이라고
네 게
더 웃기는데?

아, 아, 싸우지들 마세요.
여러분들 생각이 다
맞으니까요.

아뇨,
제가 박쥐 같은 게
아니라….

이제 여러분 가까이에
과학과 동떨어진 것은
거의 없으니까요.

그래도, 조금
정리를 해 본다면…
어흠,
과학이란…

우리 가까이에 있는
모든 것들의….
이봐! 이봐!
좀 더 정확하게 말하라고!

다시!
우리 가까이에 있는
모든 것들의…
'자연에
속하는 모든
대상의'라고
해야지!
제 얘기
아직
안 끝났거든요?
중간에 끼어
들어서….

비밀을
알아내기
위해…
'보편적인 진리나
법칙의 발견을
목적으로 하는'
이라니까!

중국의 나침반

아스텍의 천체 운동도

조선 시대의 거중기

이런 것들은 오래전 인류가 자연현상을
알기 위해 만들어 낸 것들이지요.
비록 수학적이지는 않지만.

서양의 과학이 동양보다 앞서기
시작한 것은 17세기 과학혁명이
일어난 후의 일이거든요.
야호! 앞질렀다
그러니 그전의
과학들을 무시
할 순 없잖아요.

그리고 또…
우리가 그나마 아는
몇 명 안 되는
과학자들…
음,
갈릴레이?
뉴턴?
아르키메데스?
이런 사람들도
과학자라고
부를 수 없겠지요?
이렇게 깐깐한
기준으로 따지고
든다면요.
당신!
계산이 10의 자리
에서 틀렸으니
과학이라고
할 수 없어
엥!

그러니 우리는 과학의
범위를 조금 더
넓혀서 봅시다.
인간이 '자연현상'에 대해
알아보려고 생각하기
시작한 때부터 말이죠.

인간이 자연에
쫓겨 다니기만
하던 때를 지나
지난번에도 저렇게
생긴 걸 봤었는데….
빨리 뛰어!
맞으면 죽는다고!
자연현상에 이름을
붙이고 원인을
밝혀내려고 하던 때부터
벼락은 왜
치는 걸까?
바보! 그것도 몰라? 신이
화가 나서 자기 불지팡이를
집어 던지는 거라고.
우아! 너
아는 거
많다.
인간은 알기 위한
싸움을 시작했던 거지요.
나무가 또
벼락을 맞았어.
흠, 혹시 키가 커서
벼락을 자주 맞는 게
아닐까?
이것이
'과학'입니다.
키가 큰 걸 세워 두면
요게 먼저 벼락을
맞을 거야. 그럼 우린
안전하겠지?
한번
실험해
보자.
정말
일까?

그래서 우리가 찾아가는 과학사는 이때부터랍니다.
인류가 처음 정착 생활을 하기 시작한 때부터요.
지금부터 옛 사람들의 생각과 방법을 따라가 보는 거지요.
우리가 사는 땅은 어떻게 생겼을까?
아마 평평할 거야. 그러니까 우리가 굴러 떨어지지 않는 거지.
헤헤, 지구가 둥근 건 세 살짜리도 다 안다고.
킥킥
저 사람들이 우스운가 보군요.
하지만 만약 이런 상황이 된다면 어떻겠냐고요?
지구가 둥글다니 그런 멍청한 소리는 처음 듣는다.
에엥?
젊은 나이에 쯧쯧….
가자고요!
미친 사람이 있다는 신고가 들어왔다! 어디냐?

자, 어때요?
기분이 별로 안 좋은 것
같네요.
**안 좋아!
그러니까 빨리 꺼내 줘!**

역사를 볼 때는
현재의
눈으로만
보면
안 된답니다.
…….

그래서 우리는
옛날 사람들이
왜 그런 생각을 했는지
알아보자는 거지요.

게다가 과학자들은
혼자서 불쑥 천재적인
생각을 해낸 게
아니라
세금
전쟁
종교
자신이 살던 상황 속에서
과학이론을
만들어 낸 것이거든요.
쿨
학파

그래서 우리가
과학사를
살펴보는 겁니다.
역사적 사건들 속에서
싹튼 과학들.
그리고 과학자들이
실제로 어떤 생각을 하고
어떤 방법으로
연구를 했는지.

이런 것들을 살펴보면서
인류의 과학과 역사를
이해하는 거죠.

빨리
시작
하자고요
자, 이제 과학사에 대한 간단한
소개가 끝났습니다.
그럼 본론으로 들어가 볼까요?♬~

1

석기 시대

지식의 동이 트다

석기 시대

1
석기 시대

먼 옛날
진화를 거듭한 인류는
두 발로 걸을 수 있게 되었죠.

그런데 이 인류는
무척 약한
동물이었습니다.
얜 뿔도
없잖아?
뭘로 싸우
겠다는 거지?
날카로운
이빨도 없고…
쯧 쯧
털도 없어요
겨울을 어찌
나려고…

허약했던 인류가
살아남을 수
있었던 것은…

크르르르-

퍽
깨갱
우연히 손에 쥔 돌멩이 한 개
덕분이었을지도 모릅니다.

인류는 돌이나 나뭇가지 같은
'도구'들로 자기보다 센 동물과
맞설 수 있었습니다.
으쓱
으쓱
호오…
그래?

그럼
이 경우는?
?

슉
에구
에구
쿵
쿵

인류는 여럿이
모여 살았고
살려 줘-
쿵
쾅
앗 저런

'언어'를 사용해 서로의 생각을
알 수 있었기에…
너희 뒤쪽에서
공격해라-
모두 공격

서로 도와 가면서
살아남을 수
있었던 겁니다.

잠깐! 인간 말고도
도구를 사용하는
동물들이 있잖아!
맞아. 해달은 돌로
조개껍데기를 깨고…
너희 원숭이들도 나뭇가지를
이용하잖아.

게다가 동물들도
모여 살면서 일을
나눠 하기도 한다고.
난 일만 하는
일벌
난 여왕벌
알만 낳아요

아오오오오~
그리고 동물들도
기본적인 의사 소통은
하니까
엄마가
밥 먹으러
오래
인류의 특징을 도구나 집단,
언어나 협업만으론 설명할 수
없지 않을까?
그렇지요.

그러나 인류에겐 또
'교육'이 있었지요.
니라..
니라
교육은
동물도
하는데?

네, 그렇죠. 하지만 동물의
교육은 대부분 살아남기 위한
기본적인 것들이고

성장기가 짧아
어미와 지내는 기간이
길지 않은 탓에
교육 기간도
짧을 수밖에
없지요.
6개월이면
어른 개니까
이제 독립해라
벌써 다 컸어?

그에 비하면
인류는 어린 시절이
유난히 길지요.
인간은 목을 가누게
되기까지도 6개월
이나 걸리고요
젖도 오래
먹죠
10년을 키워도
스스로 먹고살긴
힘들지

이런 어린아이들을
부모들끼리만 돌보기는
더 힘들었고요.
사냥도
못 나가고…

그래서 사람들은 모여
살면서 서로 돕게 되죠.
아이도 같이 키우고.
게다가 같이 살다 보면
이런저런 새로운 지식도
서로 나눌 수 있지요.
가죽 벗기는 건
이렇게 하면
더 편해
정말?
나두 앞으론
그렇게 해야겠다

이렇게 더 좋은 방법들이
발견되면
이봐~ 다들
이 방법을 쓰자구

'교육을 통해 다음 세대까지
지식을 전달한다'는 점이
인간과 동물의 결정적인 차이겠지요.
지식

그래서 인류의 도구는 점점 더 발전해 갔다.
그냥 돌보다는
큰 바위에 깨뜨려
끝이 날카롭게 된 돌이
더 쓰기 좋은데.
찌를 때는 이런 뾰족한
모양이 좋고.
자를 때는
이런 넓적한
모양이
더 좋구먼.

석기 시대
금속기 시대
인류 역사는 도구의 발달에 따라 크게 두 단계로 나눠 보게 되지요.

석기 시대는 기원전 200만 년부터 기원전 3000년까지다.
인류 역사의 대부분을 차지하죠.
석기 시대는 석기를 만드는 방법에 따라 두 단계로 나뉜다.
돌을 깨뜨려 떼어 낸 것을 사용하던 시기를 구석기 시대라고 하지요.
타제 석기
기원전 200만 년 전~기원전 1만 년 전

돌을 갈아 날을 만들어 사용하던 시기를 신석기 시대라고 하지요.
마제 석기
기원전 1만 년 전~기원전 3000년 전
구석기 시대 사람들은 환경에 맞춰서 살아 나갔죠.

예를 들어 나무나 풀이 없는 곳에 사는 사람들은 사냥만으로 먹고살아야 하니까
돌창이나 투석기 같은 사냥 도구들이 더욱 발전했겠지요.
던지는 창은 어떨까?
함정을 파는 것도 괜찮은 것 같은데…

또 사냥이나 채집이
힘든 겨울에
살아남기 위해
음식을 저장하는
방법들을
생각해야 했고요.
작년 겨울에
이렇게 해 놓은 건
안 썩던데?
올해도 굶지
않으려면 미리 미리
말려 두자고

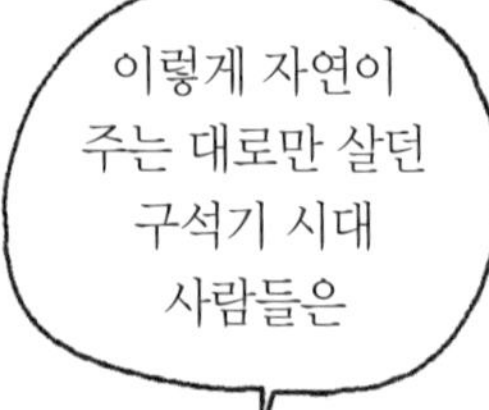
이렇게 자연이
주는 대로만 살던
구석기 시대
사람들은

자연을 관찰하면서
조금씩 자신이
원하는 것을 얻기
시작했습니다.
동물들이 겨울에도
돌아다닐 수 있는 건
이 털 덕분인 것 같아
그럼 우리도 몸에
이걸 둘러 볼까?

이러한 관찰과 문제 해결 과정에서
과학이 처음으로 발생했다.
구석기 시대가
끝나 갈 즈음 이미
인류는 많은 문제를
해결해 냈죠.
이 물건들 대부분은
오늘날에도 똑같은
방법으로 만든답니다.
오두막
카누
바구니
의복
낚싯바늘
작살

사냥 도구들을 보면 날아가는
운동을 관찰해 기술을 발전시킨 걸
알 수 있고요.
이건
동력학의
시작이죠.

공기의 움직임까지
관찰했다는 걸
알 수 있지요.
훅!

또한 구석기 시대 사람들은 주술을
생각해 냈다.
사냥 나가기 전에
동굴 벽에
동물을 사냥하는 모습을
그리는 거예요.
아니면 진흙으로
동물의 모습을
만들어 놓고 창으로
찌르기도 하고….
와-

말하자면 자연한테
말을 거는 거죠.
실제로 이렇게 동물을
잡을 수 있게 해 달라고
말이죠.
이런 걸
'공감 주술'이라고
하죠.
봐 봐
내가 이렇게
실력이
좋걸랑
그러니까
난 많이
잡을 수
있다고

그림 솜씨가 훌륭했던 걸 보니 이 시대에 이미 그림을 전문적으로 그리던 사람들이 있었다는 걸 알 수 있고요.
훌륭해
전문가의 솜씨야

동물의 동작이나 살아가는 모습을 자세히 관찰했다는 것도 알 수 있죠.
이것도 과학의 첫걸음!

구석기 시대는 기후가 변하면서 끝이 난다.
기원전 1만 년경부터 날이 따뜻해져서 빙하가 많이 물러났지요.

신석기 시대의 가장 대표적인 특징은 갈아 만든 돌 도구를 썼다는 데 있겠지만

그에 못지않게 중요한 것이 바로 농경의 시작이었어요.

농경의 시작은 인간의 역사에서 매우 의미 있는 사건이다.
생각해 보세요. 이 시대 사람들이 보기에 농사란
이봐! 뭐하는 짓이야!

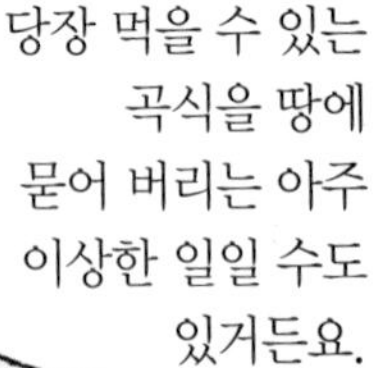

당장 먹을 수 있는 곡식을 땅에 묻어 버리는 아주 이상한 일일 수도 있거든요.

설령 땅에 심고 거두는 과정을 이해한다 해도 농사 기술이 없던 시대여서 실패할 확률도 아주 컸지요.
다 썩어 버렸어 본전도 못 찾았네~

그러니 제대로 농사를 지으려면 식물에 대해 뭘 좀 알고 있어야 했죠.
……

농사를 짓기 시작하면서 사람들이 살아가는 모습도 변해 가지요.
예전처럼 자연에만 기대지 않아도 돼요.
맞아. 예전엔 사냥감이 없으면 꼼짝없이 굶어 죽었는데….

이젠 걱정 없어. 우리가 만들어 낼 수 있걸랑!

덕분에 아주 춥거나 더운 곳에서도 사람들이 살 수 있게 되었고요.

전보다 좁은 땅덩어리에서도 더 많은 사람이 먹고살 수 있게 되자
정착하는 사람들이 늘어났지요.

그리고… 에… 또… 먹을 게 많아지니까 여유도 생겼지요.
맞아. 사냥할 때는 일 년 내내 일해야 굶지 않을 정도였는데….

이젠 농사철에만 일하고 나머지 시간엔 쉴 수도 있어요.

식량이 남으면서 사유 재산이란 개념이 생겼지요.
난 먹을 게 많이 남았으니 부자야
좋겠다…

이 시기에 재배한 작물로는 보리, 밀, 기장, 채소, 과일 등이 있었죠.
섬유를 얻기 위해 아마를 키웠고
아메리카 인디언들은 담배나 콩, 호박, 토마토, 감자도 키웠지요.
밀
보리
기장
아마
토마토

그리고 가축도 기르기 시작했는데
아마 최초의 가축은 개였을 거예요. 개가 동물의 뼈나 고기 부스러기를 먹기 위해
사냥꾼들 근처를 얼씬거렸을 테고, 사람들은 개를 길들이면 사냥에 이용할 수 있다는 걸 깨달았겠죠.

사람들은 또 식량으로 이용할 수 있는 다른 동물들도 키워 보려 했을 거예요.
신석기 시대가 끝날 무렵엔 적어도 다섯 종류의 동물을 가축으로 키웠을 겁니다.
가축은 농경과 함께 사람들의 생활을 풍요롭게 했지요.
가축을 키우는 것도 아무나 못 한다고! 뭘 좀 알아야 하는 거지. 동물의 번식이나 질병 등에 대해 좀 알아야 하는 거거든.

또한 신석기 시대에는 가죽을 부드럽게 만드는 일이나
베 짜는 기술을 개발했고 토기도 만들었다.

이것들은
무거운 물건을 들어 올리기
위해 만든
도구들이에요.
도르래
굴림대
이런 도구들은 모두
수없이 많은 시행착오를
거듭하여
만들어졌답니다.
바퀴

정착 생활은 촌락 문화를 발전시켰다.
한데 모여 살다 보면 필요한 게 많잖아요.
사람들의 마음을 한데 묶어 주는 종교의식부터

알지? 소금 얻어 오는 거…
기준이나 규칙, 벌칙 같은 것들….

교육 시설, 통신 같은 것까지 하나하나 제대로 만들어야 했지요.
학교

이러한 촌락 문화는 신석기 시대 후기에 국가 제도로 발전한다.
농업이 발전할수록 많은 인구가 모여 살고
질서를 유지하기 위해 국가가 등장하죠.
그리고 금속을 사용하는 시기, 즉 청동기 시대로 넘어가면서 몇몇 국가는 고대 문명을 꽃피웁니다.

2

이집트와 메소포타미아

뛰어난 고대 과학을 찾아서

이집트
메소포타미아

석기에서 청동기로 넘어가는 시기는
기원전 3000년경이다.
인류의 역사는 사용하던 도구의 종류에 따라 구분할 수 있어요.
돌 도구를 쓰던 석기 시대.
청동기 시대부터 사용한 금속제 도구는 지금도 쓰이고 있죠.
돌칼
청동칼
철칼
스테인리스 강칼
석기 시대
금속기 시대
기원전 3000년
그러나 금속을 청동기 시대에 처음 쓴 건 아니었어요.
석기 시대에도 금속을 썼지요. 단지 그때는 광석 속의 금속을 뽑아낼 수 없었기 때문에
?

어쩌다 땅 위에 드러난 금속만 사용해야 했죠.
헉! 심 봤다
그러다 보니 금속이 귀해서 장신구 등에만 이용한 거죠.
석기 시대에 금속이 도구로 쓰이지 않은 또 다른 이유는
땅 위에서 발견된 금속들은 거의 금처럼 부드러운 종류라서
주욱
질겅 질겅
원하는 모양을 만들기엔 편해도…
바로 이거야 이 날렵한 모양
내 칼을 받아라!
헉!

에구?
휘청~
에헷~
도구로 쓰기엔 문제가 있었기 때문입니다.
그러던 중 청동을 만드는 방법을 발견하면서 청동기 시대가 열리게 된다.
적당히 단단하고, 불에도 잘 녹아 도구를 만드는 데 안성맞춤이죠.
청동은 구리와 주석을 섞어 만든 합금이에요.
무엇보다 돌칼은 이렇게 매끈하게 자를 수 없거든요.
더 효율적이죠. 무뎌지면 갈아서 다시 쓰면 되고….
석기보다 훨씬 튼튼하고
싹뚝

목수나 석수들이
금속으로 된 도구를
사용하면서
드디어 인류는
나무나 돌을
원하는 모양으로
만들 수 있었지요.
금속을 사용한 덕분에 많은
기술들이 발전하게 됐고요.

청동기 시대부터 고대 국가들이
생겨나기 시작한다.
금속을 캐내서 가공할 정도로 많은 사람들이 모이면 국가가 되는 게 당연하잖아?
으르릉
왜냐하면 …
아니, 그러니까요. 그렇게 많은 사람들이 모여서 살려면 어떤 조건이 필요하다는 건데요.
이 고대 국가들은
좋은 자연 환경 속에서 태어났다.
대개 고대 문명은 강을 끼고 발생하죠.
강은 홍수 때마다 넘쳐흘러 땅을 기름지게 만들기 때문에
농업 기술이 부족했던 이 시기에는 큰 강이 있는 지역에서 농사짓는 게 유리했죠.

이런 지역들은 풍족함 속에서 농업 기술이 점점 더 발달했고요.
식량이 많아지니 인구가 늘어나고, 인구가 많다 보니 또 기술이 발전하고….
그러면서 또 식량이 늘고…. 에, 어디까지 했더라?
식량이 늘고….
아, 그렇죠. 식량이 늘어나면 또 인구가 늘어나고….
늘고 늘고 또 늘고….
와글
어쨌든 이렇게 해서 인구가 많이 늘어나면
더 이상 촌락으로는 관리할 수 없는 지경이 되지요.
와글

사람이 많으면 문제도 뒤따르는 법….
쟤가 때렸어요
시끌시끌
이건 내 거야!
아냐 내 거야
이런 문제를 해결하기 위해선 어떠한 '힘'이 필요했죠.
비 좀 내려 줘요 울랄랄라
사람들은 신석기 시대 무렵부터 종교를 중심으로 모여 살기 시작했어요.
농경은 워낙에 자연 환경의 영향을 많이 받으니까 자연에 기원하는 제사 의식이 점점 발달했지요.
따라서 초기 고대 국가의 왕들은 주로 종교적인 영향력을 가진 제사장들이었어요.

그리고 제사장들의 힘이 커지면서 신전을 중심으로
전문적인 관리를 두었고 도시가 생겨났다.
도시는 농사를 짓지 않는 사람들이 살면서
도시를 운영하는 데 필요한 일들을 맡았죠.
기술자
예술가
성직자
관리
상인
도덕과 관습을 정하는 일, 법률을 만들고
생산물을 나누거나
학교나 관청을 만드는 일까지…

넓은 농토를 일구고
물을 대는 일,
광물을 캐는 일 등은
수학, 천문학, 물리학
같은 지식이 있어야
가능했고
많은 사람과
계획적인 관리가
필요했지요.
문명과 고대 국가는
이런 여러 조건들이
갖춰져야
생길 수 있는 것이죠.
오늘날 태평양의 일부 섬이나
북아메리카, 북극, 브라질의 밀림
등지에는
요즘도 청동기로
넘어가지 못한
부족들이
살고 있어요.
아직까지도 이들의 문명이 석기 시대에
머물러 있는 것은, 청동기 시대로
갈 수 있는 조건들이 갖춰지지
않았기 때문이죠.
그것은 정말 많은 조건이
서로 맞아떨어졌을 때
가능한데
최초의 문명 발생지인 이집트와
메소포타미아는 이 모든 조건이
가장 먼저 맞아떨어진 셈이지요.

이집트와 메소포타미아는 강가의 기름진 땅에 자리를 잡은 것 말고도…
우린 유프라테스강, 티그리스 강 사이.
메소포타미아는 두 강 사이라는 뜻이거든요.
우리는 나일 강 언저리.
주변 지역이 사막이라 일찌감치 모여 살 수밖에 없었고
오밀조밀.
밀지 마! 여기 넘어가면 사막이란 말이야.
강을 끼고 있긴 했지만 항상 물이 너무 많거나 부족했기 때문에
으잇- 지긋지긋한 물
물… 좀… 주세요… 물
우기-범람
건기-물 부족

커다란 댐과 운하를 만들어
강물을 이용했지요.
지금으로부터
5000년이나 전에
말이죠.
두 고대 문명 중
어느 문명이 앞섰는지는
의견이 분분하지만
둘 다 자연을 이용하거나
자연과 싸우면서 조금씩 색다른
문명을 만들었지요.
최초의 글자를 만들고,
정교한 건축술을
발전시켜 고대 문명의
대명사가 된 겁니다.

이집트
실용적인 매우 실용적인….

나일 강 주변의 도시들이 점점 커지면서
여기가 사람들이 만든 도시라지?
살기 꽤 편해. 없는 게 없고….
우리 식구들도 다 이사 오라고 해야겠어.
다만 해마다 홍수가 나는 게 옥의 티라고나 할까…?

통일 국가를 형성한 것은 기원전 3100년경이었다.
크게 봐서 나일 강 상류 쪽의 상 이집트와 하류 쪽의 하 이집트 세력이 하나가 되었어요.
상 이집트
하 이집트
여기도 남북통일이구먼!

나일 강의 홍수를 다스릴 통일된 힘이 필요했기 때문이죠.
뭐야? 상류 쪽 너희 댐 똑바로 못 쌓아
그러는 너희야말로….
그럼 이제 홍수 좀 덜 나는 건가?

이집트는 인류 최초의
국가이면서 3000년 이상
존속했지요.
뭣이?
3000년?

그렇게나 오래?
어떻게 그럴 수 있었지?
그건 바로
이집트의 자연 환경
덕분이었죠.

이집트 땅을 보면
나일 강을 중심으로
좁은 띠 모양인 걸
알 수 있죠.
보시다시피 위쪽은 바다,
나머지 삼면은 사막이라
외부에서 쳐들어오기가
힘드니까

덕분에 이집트 사람들은 아주
평화롭게 오래오래….
잠깐!
잠깐!

그렇다면 이집트 사람들도
밖으로 나가기
힘들었겠는데….
그렇지요. 근데
뭐하러 밖에 나가요?

나일 강은 해마다 범람해
땅을 비옥하게 해 주고
쳐들어오는 놈
없으니 맘 편하고,
등 따시고!

우리보다 발전한 문화를
가진 나라도 없었걸랑요.
잘난 척
잘난 척

이렇듯 이집트 인들은 외부와 접촉하지 않으며 문명을 발달시켰다.
음 하하하하! 우리가 최고야!
교류? 변화? 다 필요 없어!
저런 걸 우물 안 개구리라고 한다지.
어머? 당신 유식하네요. 그런 말도 다 알고….

농업은 이러한 자급자족의 중요한 기반이었고
광자
광자
농자천하지대본

자연스럽게 이집트 인들은 나일 강의 범람에 많은 관심을 기울였다.
범람할 때가 됐는데….
유심
오죽하면 범람이 일어나는 7월을 새해 첫 달로 쳤겠어요.

나일 강은 그 토대가 되었으므로
나일 강의 범람은 농사에 필요한 물을 남겨 주지요.
일 년에 세 번이나 수확할 수 있을 정도로….

다행히 범람은 매우 규칙적으로 일어나서
저 시리우스 별이 나타날 때쯤이죠.
왔다- 어이 다들 수영복 준비 해라

이집트 인들은 자연현상을 예측할 수 있다고 생각했다.
잘 관찰하고 적절히 대비만 하면….

나일 강에 댐을 쌓는 일은 힘든 공사였기 때문에
이쪽 둑은 네 땅이니까 네가 막아.
싫어! 왜 나만 해야 돼? 너무 길잖아.

이것을 지휘하는 왕에게 힘이 있어야 했다.
잠깐!

내가 정리해 주지. 이쪽은 짧으니까 너희 둘이 같이 쌓고

나머지는 나라에서 쌓도록 하라!
예이~.

왕은 도량형의 기준을 정했고
세금이 한 통이라면 서요?
한 통은 이만큼이야!

화폐를 만들었으며
금으로 크기와 무게를 달리해 만든 반지 모양이었죠.
물론 여전히 물물교환이 더 많긴 했지만….

국가의 일들을 기록해서 남기기 위해 문자를 만들고
처음엔 신관들이 세금 받은 걸 기억하기 쉽게 적어 놓으면서 문자가 생겼다고 하죠.
에 물고기 두 바구니랑 무화과 백 개…

역사를 기록하기 시작했다.
올해는 풍년이었다. 그래서 잔치를 했는데 왕께서 배탈이….
그건 건 적지 말란 말이야!

이집트 인들은 '파피루스'에 기록을 남겼다.
나일 강에는 갈대 비슷한 '시페루스 파피루스'라는 식물이 흔했는데
이것으로 종이 비슷한 걸 만들어 쓴 거죠.
파피루스 – 종이의 재료로 쓰는 식물의 줄기
① 겉껍질을 벗겨 낸다.
② 안쪽의 부드러운 부분을 얇게 자른다.
③ 엇갈리게 겹치고 아마포를 덮은 뒤 나무 망치나 돌로 두드려 완성한다.

파피루스는 오른쪽에서 왼쪽으로 쓰고 두루마리로 보관했는데요.

기원전 3500년경 부터 기원후 9세기까지 계속 사용했죠.
역사와 전통이 빛나지~!

오늘날 종이를 나타내는 영어 단어 'paper'도 파피루스에서 유래한 말이고,

서양에서 종이를 만들기 전에 사용하던 양피지도
실은 우리한테서 파피루스를 수입하지 못하니까 급한 대로 만들어 쓴 거걸랑.

이집트 문자는 처음에는 모양을 비슷하게 본뜬 그림 형태였다.
특징을 잘 잡아 그리란 말이야!
이만하면 부엉이 같잖아요, 이잉….

이 그림들이 점점 문자로 발전했다.
사물이나 추상적인 개념을 나타내기 위해서였죠.
독수리
갈대
팔
갈대 두 그루
다리
문
부호 하나가 한 단어를 표시하기도 하지만….

서로 다른 음절을 나타내는 문자들이 있고, 그것들을 합치면 단어가 만들어지죠.
그림만 표시하는 덴 한계가 있더라고

그러다 보니 상형문자는 그림문자, 음절문자, 알파벳문자까지 섞여 700여 개나 만들어졌죠.
흐아, 그걸 다 언제 외워서 쓴단 말이냐!
그건 모르시는 말씀! 상형문자는 성스러움을 나타내는 문자니까 복잡해야 한다고.

상형문자(신성문자)
-오른쪽에서 왼쪽, 왼쪽에서 오른쪽, 위에서 아래로 쓸 수 있다.
그래야 아무나 사용하지 못하고, 그걸 사용할 줄 아는 사람들은 특별한 지위를 유지할 수 있다고.
좀 치사한 발상인데…!

그런데 이 상형문자는 다른 나라의 언어를 표현하기엔 적합하지 않아서

외교 문서나 계약서, 편지 등을 쓸 때는 필기체 문자인 신관문자가 쓰였지요.
신관문자 – 오른쪽에서 왼쪽으로 쓴다.

신관들이 주로 쓰는 문자인가?

그렇죠! 게다가 나중에는 일반인들이 사용하는 민용문자까지 등장해 세 가지 문자가 쓰인 거죠.
신관문자는 처음으로 알파벳의 원리를 적용한 것으로, 서양 알파벳의 기원이 되죠.
상형문자
(국가 기념비, 종교적 문서)
신관문자
(계약서, 장부, 문서용)
민용문자
(상인들이 사용)

수를 쓸 때는 10진법을 썼다.
0에서 9까지를 기초로 한 거죠. 아마 손가락, 발가락으로 물건을 세는 데서 비롯되었을 거예요.

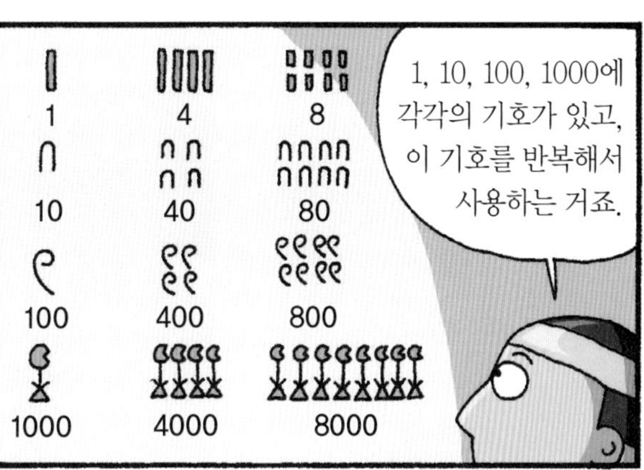
1
4
8
10
40
80
100
400
800
1000
4000
8000
1, 10, 100, 1000에 각각의 기호가 있고, 이 기호를 반복해서 사용하는 거죠.

이 숫자들은 읽고 쓰기가 매우 복잡했어요.
예를 들어 이 그림을 보면, 왕의 상징인 매가 여섯 송이의 연꽃(1000을 상징)을 붙잡고 있으니까 "왕이 6000명의 포로를 잡았다."라고 읽는 거지요.

숫자 쓰기가
복잡하다 보니
계산도
복잡해지고….
그래도 우린 더하기,
빼기에다 나눗셈도
할 줄 알았다고요.

그럼 곱셈은
안 했어?
3×4는
얼마?
3+3+3+3=12잖아?
계속 덧셈을 하면
되는 거 아냐?

곱셈의 원리는
몰랐구만?
뭐, 그런 셈이지만
아주 쓸모 있는
곱셈표가 있어서
부시럭
부시럭

답을 내는 데 그리
오래 걸리지는 않았다고.
히히
그건
커닝 페이퍼
아냐?

이집트 사람들은
분수를 계산할
줄 알았다.
알긴 알았죠.
근데 분자가
1보다 큰 분수는
$\frac{2}{3}$밖에 몰랐기
때문에

이만큼만 먹어라.
이만큼은 분수로
어떻게 표시하지?
$\frac{2}{5}$요!
설마?

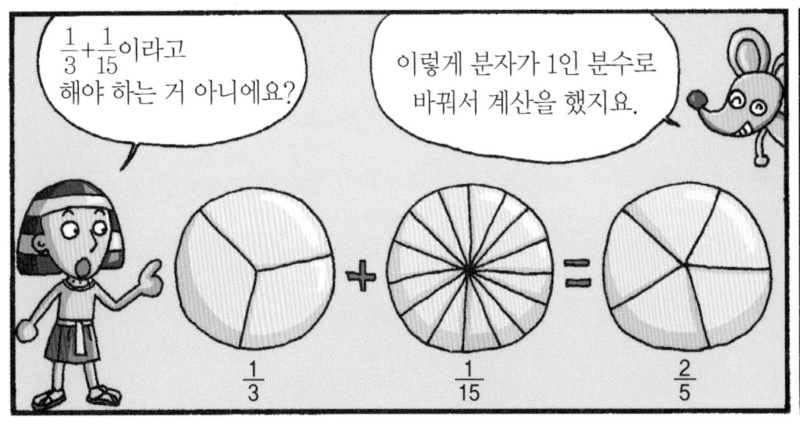
$\frac{1}{3}+\frac{1}{15}$이라고
해야 하는 거 아니에요?
이렇게 분자가 1인 분수로
바꿔서 계산을 했지요.
$\frac{1}{3}$
$\frac{1}{15}$
$\frac{2}{5}$

이집트 수학이 어땠는지
알 수 있는 문서는
남아 있는 것이 별로 없다.
거의 다
짧은 내용만
남아 있어요.

그나마 제대로 남은 건
린드 파피루스나 고레이체프
파피루스 정도이지요.

린드 파피루스는
기원전
19세기경
만들어졌는데
대충 수학
교과서라고
생각하면 돼요.

분수표, 10진법표,
품삯을 정하는 방법 등
계산 기술이 적혀 있어요.

또 빵을 나누는 법, 곡물 창고의
크기, 피라미드의 경사,
귀금속의 무게 구하는 문제들도
실려 있지요.
호—아주
실용적인데?

그렇지? 그 실용적인 점이
바로 이집트 수학의
특징이었어.

그래선지 실생활에서
부딪히는 문제 해결
능력도 뛰어났지.
큰일 났어요. 지난번
범람 때문에…

제 땅과
옆집 땅의 경계가
무너졌어요.
저 나무에서부터
직각삼각형
모양이었다,
이거지요?

자, 이제 됐죠?
우아, 고맙습니다!
어떤 원리로 직각을 잰 거지?

몰러!
원리가 무슨 상관이여? 결과만 제대로 나오면 되지!

휘릭~
그래도 밧줄 하나로 삼각형, 직사각형, 육각형은 물론이고
이런건 밧줄 하나로 해결!

피라미드의 부피나 원주율까지 제대로 계산해 냈거든요.
그래서 수학의 공식이나 정리는 세우지 못했답니다.

이집트 인의 실용성은 다른 과학 분야에서도 드러난다.
천문학도 시간을 알 수 있다는 점 때문에 연구했지요.
우리 이집트는 고대 어느 국가보다 시간 계산에 목숨을 걸었거든.
나일 강의 범람 시기를 알아야 하니까 말이야.

여기서 중요한 열쇠는 시리우스 별이었죠.
이 별이 해 뜨기 직전에 나타나면 나일 강은 반드시 범람했어요.

그래서 우린 천체 현상을 보고 날짜와 시간을 정했는데….

일단 하루의 길이는 시리우스 별이 뜰 때부터 그다음 시리우스 별이 뜰 때까지이고
하루의 길이
하루는 낮 열두 시간과 밤 열두 시간으로 나누는 거지요.
왜 열두 시간으로 나눈 거야?
밤
낮

한 시
두 시
세 시
네 시
다섯 시
이 간격이 한 시간이다.
왜냐하면 밤에 뜨는 별들을 그룹으로 묶었을 때
각각의 별 그룹이 뜨는 시간의 차가 열두 시간 정도 걸렸거든요.
실제는 열여덟 그룹의 별이 뜨지만 해질녘이나 해뜰 때의 별들은 거의 보이지 않으니까 열두 개만 쓴 거죠.

그래서 우린 어느 별이 어느 위치에 있을 때 몇 시라는 별시계표를 만들어서 사용했지요.
야! 우리가 뻐꾸기시계냐?
음, 세 시군.
뻐꾹
뻐꾹
뻐꾹
그리고 별이 보이지 않는 낮에는 해시계를 사용했어요.
처음에는 그냥 이런 식이다가….

나중엔 아예 눈금이 들어 있는 해시계를 만들어 사용했죠.
그렇지만 해시계는 날이 흐릴 때는 사용하기 힘들잖아!

그렇죠. 여름엔 낮이 길고
겨울엔 짧으니까….

여름

밤 낮

겨울

밤 낮

2, 3년마다 윤달을
넣어야 하는
불편이 생겼죠.
윤달

그래서 이집트 관리들은
새로운 역법을 생각해 냈는데
왕조도
세워졌는데
통치하기 쉬운
역법이 필요했던
거예요

바로 하지에서 그다음
하지까지의 길이를 재는
태양력이었죠.
① 땅에 막대를
세운다.
② 태양이 정오에
올 때 그림자
길이를 잰다.
③ 그림자 길이가
1년 중 가장
짧아졌을 때가
하지이다.

이 태양력은
1년이 365일
이었는데,
이집트 사람들은 한 주일을 10일,
한 달을 30일, 그리고
한 계절을 4개월로
계산을 해서
범람의 계절
씨 뿌리는 계절
수확의 계절이라고
했지요
범람의 계절
씨 뿌리는
계절
수확의 계절

360일이라는 알기 쉽고
실용적인 역법을
만들었지요.
잠깐!
태양력은 1년이
365일이라며?
5일이 남잖아.
태양력

그렇죠. 뭐… 5일쯤이야
축제로 정하고 놀면 되니까.
야호

그런데 정확히 얘기하자면 1년의 주기는 $365\frac{1}{4}$일이거든요.
그래서 태양력은 4년마다 하루씩 오차가 생기기 시작했죠.
같이 가!
절기
200년 후
50일
빨리 와~
태양력
200년이 지나면 50일이나 오차가 생기게 되는데?
50일이나!

그럼, 어떡해? 빨리 고쳐야지!
+50=
그렇지요. 이 오차를 수정하는 가장 간단한 방법은 200년 후에 50일을 더해 주는 방법이겠지만
그렇게 하는 게 싫었던 이집트 사람들은 또 다른 역법을 고안해 냈지요.
이번엔 뭐가 기준이었는데?

바로 이집트 사람들이 늘 주의 깊게 살피던 시리우스 별이죠.
이 역법은 시리우스 별이 해돋이 직전에 떠오르는 때를 기준으로 1년을 정했어요. 그게 바로 $365\frac{1}{4}$일이었지요.

이집트 사람들은 이 세 가지 역법을 섞어서 썼는데….
우이씨 하나만 쓸 것이지 머리 아파
태음력
태양력
시리우스력

흐음. 1년의 길이를 정하는 것도 무척 복잡하구나!
결국 이집트는 기원전 500년경에 태양력과 시리우스력을 통합한 역법을 만들었죠.

이집트 인들의 천문학은 매우 종교적이었다.
기원전 970년경 여사제의 장례를 묘사한 파피루스 두루마리에서는
이집트 사람들이 우주를 아주 상징적으로 묘사한 걸 볼 수 있죠.
공기의 신 '슈'가 하늘의 여신 '누트'와 땅의 신 '게브'를 떼어 놓아 세상이 만들어졌다는 거지.
하늘의 여신 누트
공기의 신 슈
땅의 신 게브

이집트 땅이 길고 좁은 모양이듯 우리 머리 위의 천구도 길고 좁은 상자 모양이고….
고대의 우주관이란 게 다 자기 환경을 반영하는 거니까.
지구
천구를 지탱하는 네 개의 산봉우리
우주의 강

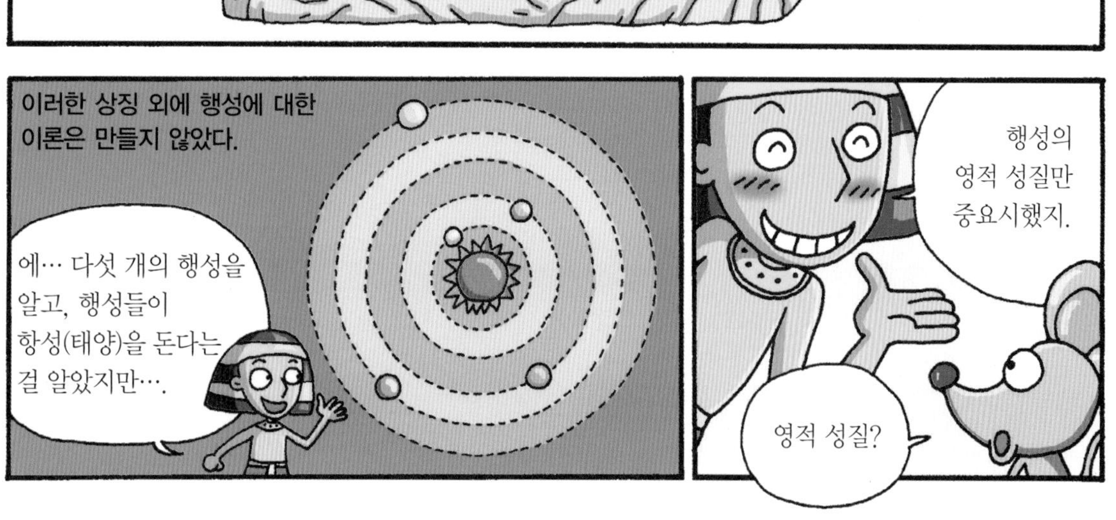
이러한 상징 외에 행성에 대한 이론은 만들지 않았다.
에… 다섯 개의 행성을 알고, 행성들이 항성(태양)을 돈다는 걸 알았지만….
행성의 영적 성질만 중요시했지.
영적 성질?

저기 말이야. 그거 알아? 행성들은 호루스 신이 끊임없이 모습을 바꾸는 거거든.
그래서 목성은 대지를 밝게 비추는 호루스 신의 모습이고
토성은 황소 같은 호루스 신, 화성은 지평선에 나타난 호루스 신의 모습인 거야.

그리고 저녁 무렵에 나타나는 수성은 호루스 신이 흉조를 알려 주는 거지.
위험

태양? 태양은 태양신이 금색 배를 타고 동에서 서로 이동하는 거라던데?
일식은 뱀이 태양을 삼켰을 때 일어나는 거 아냐?

이집트 천문학이 종교적으로 흐른 이유가 있다.
이집트의 천문학자들 대부분이 신관들이었기 때문이에요.

신관들이 우주보다는 다른 쪽에 더 마음을 빼앗겼다는 말이죠.
그게 뭘까요? 알아맞혀 보세요!

그건 바로 '내세'였어요.
아시죠? 이집트 하면 피라미드랑 미라!
....

이집트 사람들은 죽은 자가 살아 돌아올 수 있다고 믿었던 것이다.
시체가 썩어 버려서 돌아갈 곳이 없어요.
그거 큰일이네~

이렇게 영혼이 돌아올 때를
대비해 시체를 썩지 않게
만들었죠.
예쁘게
붕대 감아줘
소다에
담가 건조
처리한다.
코와
옆구리에서
내장을 빼내어
단지에 담는다.
그 완성품이 바로 저,
미라죠.

그럼 이집트는 의학이
아주 발달했겠네?
해부학을
알았을 테니
...
그건 또 아니지.
미라는 단지
종교 의식일 뿐
의사와 미라 제작자는 만날 일이
없어서 의학이 발달하진 않았죠.

이집트 초기의 의사들은 치료에 주술을 많이 사용했다.
의사들이
대부분 신관
출신이었거든요.
그래서
질병은 마귀가
일으키는 것이라고
생각했고요.

작은 형상이나 동물,
부적에 병마를 옮김으로써
환자를 치료하려고 했죠.
빨리 여기로
이사 가지
못해?

의사들은 병마를 쫓아내기 위해 구토제나 설사약을
먹여 속을 뒤집어지게 하거나
이잉—
맛 없는데…
자, 이걸 마셔
토하면 마귀가
쫓겨날 거여
어여 마셔

★전서-어떤 한 분야의 저작물이나 사실의 전부를 체계적으로 엮은 책.

'에드윈스미스 파피루스'는 주로 외과적인 내용이 담겨 있는데
병의 유형과 사례 등은 있지만 치료법은 별로 없었지요.
에드윈스미스 파피루스는 증상을 파악할 때
완전히 치료할 수 있음.
치료할 수 있음.
치료할 수 없음.
음…. 이건 완전히 나을 수 있어
어떻게 해 보면 될 것도 같은데
끄끼병…. 이건 불치병인 거 알지?
이 세 가지 가운데 하나를 골라서 치료했답니다.
또 내장 기관에는 관심이 없었지만
…
…
맥박이나 심장은 중요하게 여겼죠.
음, 상사병이군.
쿵
쿵

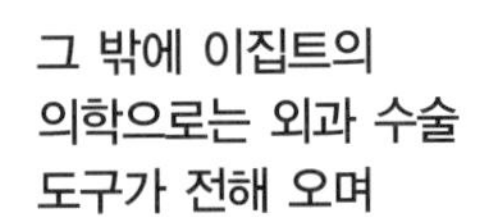
그 밖에 이집트의 의학으로는 외과 수술 도구가 전해 오며

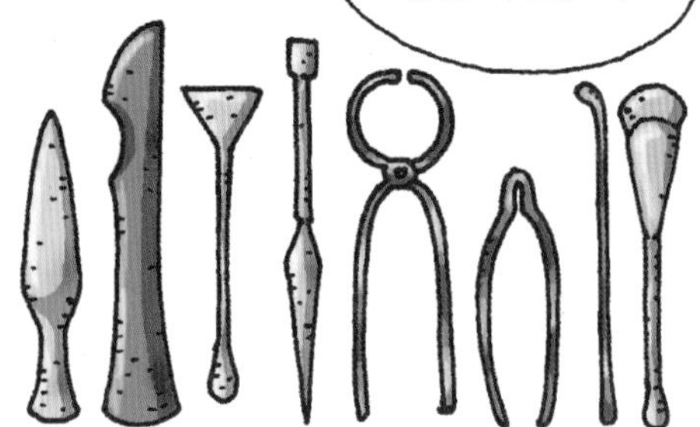
칼, 톱, 소작기, 갈고리 등을 이용했죠.

치료약 목록도 처음으로 만들었다.
우리는 질병의 원인이나 해결책을 자연에서 찾았거든요.
주로 식물, 광물, 동물 등에서 얻은 약의 목록이지요.

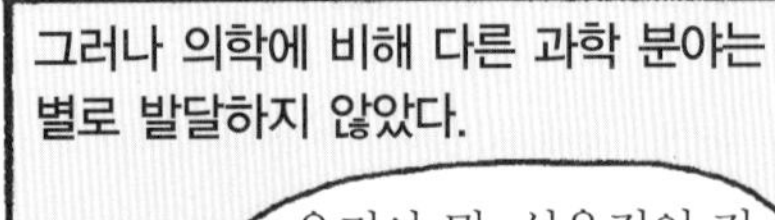
그러나 의학에 비해 다른 과학 분야는 별로 발달하지 않았다.
우리야 뭐, 실용적인 것 외에는 취급하지 않았으니까
먹고사는 거 외에 다른 건 발전하지 않았다는 거죠.

에… 우선 농사를 지을 때 지렛대로 물을 퍼낸 기술이 좀 봐줄 만하고요.

나일 강의 수로를 이용해 해상무역을 하다 보니 길이 26.4m짜리 큰 배를 만든 거랑…
또… 자랑할 게 뭐가 있더라?
목숨 걸고 건설한 피라미드가 있잖아.
아, 그렇죠. 그걸 빼먹으면 안 되죠.

피라미드는
일종의 종교적
건물이지요.
신으로 여겨졌던
왕의 무덤이기도 하면서
왕이 하늘로
올라가기 위한 계단,
즉 햇빛이 내리쬐는
모습을 표현해
만든 것이죠.

이집트에는 건축용 목재가
적었기 때문에
사막에 무슨
아름드리 나무가
있겠어요?
그렇다고 번번이
수입할 수도 없고….
그러니 구하기 쉬운
재료를 이용하는
수밖에 없죠.
이집트 사람들은 일찍부터 돌을 다루는 데 익숙했다.
큰 돌덩어리를
떼어 내려면 말이야,
이렇게 구멍을 뚫어
나무못을 박아
놓는 거야.
그리고 계속 물을
부어 넣으면
나무못이 불어서
돌이 쪼개진다고.
이 방법은 불과
100년 전까지도
채석 작업에
이용됐다고 해.
쩌
억
이렇게 떼어 내어
다듬은 돌덩어리는
가장 작은 것도
2.5t이 넘는다고
하더라고.
쿠푸 왕의
대(大)피라미드는
이런 석회암을 230만 개
가량 써서 만들었죠.
크악!
뭐가 이렇게 커?
왕의 권위를
상징하는 거니까
클수록 좋다고.

이 큰 돌덩어리들은
주로 나무 썰매를 이용해
옮겼어요.
짝짝
① 썰매에 싣는다.
② 밑에 판자를 깔고
기름을 붓는다.
③ 여러 명이
잡아당긴다.

흙벽돌로 경사로를 만들어
끌어올렸을 거라고
추측하지요.
짝짝
밥

또 돌을
끌어올리는
도르래는
없었지만
건축에 바퀴를
이용한 흔적은
남아 있어요.
근데 이 어마어마한
건축물의 각이 어떻게
맞았던 걸까?
어? 피라미드의
경사각 계산법이
궁금해요?
음, 우선 밑변을 정하고 밑변의 폭을
피라미드의 높이로 나눈 다음에 7을 곱하고
반을 나누면 되는데…
그만!
됐거든….
어질
어질
이렇게 경사각을
구한 뒤 각종 측량
도구를 써서 계속
다듬어 나가며
쌓는 거죠.
수평을 잡을 때는
도랑을 파고 물을 채우는
방법을 사용했죠.

이집트는 기원전 500년경에 페르시아 제국에 침략당하고 말아요.
…….

주변에 비해 대단히 풍요로운 나라였지만
3000년 동안 외부와의 교류가 없었고, 실용성만을 중요시해서
과학은 깊이 있게 발전하지 못하고 막을 내리게 됩니다.
멋져-
선진국이야-
피라 미드 건축 방법은 1,000년 전이나 지금이나 똑같아
다른 건 안 그런가 뭐?
그래도 멋지십니다

전쟁 속에서 발전한
여러 문화
메소포타미아

티그리스 강과 유프라테스 강 사이에 있던 반달 모양의 땅은
아시죠?
메소포타미아가
'두 강 사이의 땅'이란
뜻인 거.
흑해
지중해
티그리스 강
유프라테스 강

개방적인 지형이라서 외부와 교류가 많았고
우리야 이집트
개구리랑은 다르니까….
새로운 사상이나 지식을
받아들일 줄 알았거든.
뭐라?

그만큼 침입도
끊이질 않았다.
우아! 또 전쟁이야?
왜 우릴 그냥 놔두지
않는 거야?
당연하지.
이렇게 기름진 데다
장애물도 없는 땅을
너 같으면 냅두겠냐?
두두둑

그래서 여러 민족이 흥하고 망하기를 반복했다.
수메르
바빌로니아
아카드
히타이트
카시트
아시리아
냅둬….
우리 100대조
할아버지 때도 그랬어.
쟤네들 아직도
싸워?
이렇게 전쟁이 반복됐으니
남아 있는 자료도 거의
없겠네요?
다 불타고
없어지고
아니, 비교적 많이 남아
있는 편인데….
예?
어떻게요?
후훗
우린 종이에다
기록을 남기지
않았기 때문이지.

그럼 어디다 썼죠?
후훗! 알아맞혀 보시지….
우린 파피루스를 만들 만큼 질 좋은 갈대가 없었어.
끄응… 기록을 하긴 해야 하는데…
안절
부절
그래서 주변에서 쉽게 구할 수 있는 재료를 찾아야 했지.
다른 재료라…?
피부 미용에 안 좋으니까 진정하고, 같이 진흙팩이나 하면서 잘 생각해 보자고.
진흙? 점토! 물렁하지만 굳으면 단단해진다, 바로 이거야!
깜짝이야 소리지르면 주름살 생겨~
점토는 널려 있는 재료였거든. 메소포타미아 사람들은 점토를 이용해 판, 원통, 삼각기둥 모양을 만들었지.
오늘은 원통형에다 써 볼까?
그러곤 날카로운 갈대 펜으로 점토에 자국을 내서 기록하는 거야.
근데 점토판은요, 부드러워서 글씨 쓰기는 좋은데
곡선은 잘 안 써져요. 되도록이면 직선만 써야겠어요.
부들부들
메소포타미아 문자도 처음에는 상형문자였는데
처음에야 단순히 모양을 흉내 내 기록하는 식이었으니까.

그러다가 점점 상징화하여
나중에는 음을 나타내는
표음문자로 발전했지.

하나하나가
음절을 나타낸다.

글자가 쐐기 같아서
쐐기문자라 불렸다.

왕을 나타내는 기호

이렇게 글자를 적은
점토판은 잘 말려
보관하는데

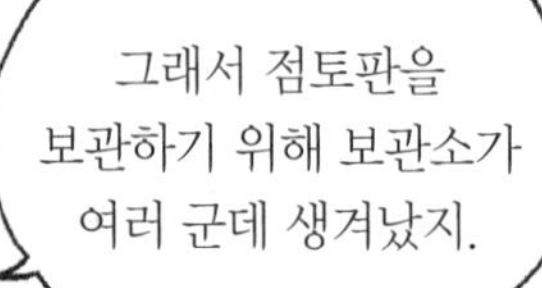

그래서 점토판을
보관하기 위해 보관소가
여러 군데 생겨났지.

그리고 점토판 말고도
당시의 상황을 알 수 있는
것으로는 궁전이나 기념비에
새겨진 조각들이 있지.
과연 이런 건
전쟁을 겪어도
없어지지는 않겠군요.

근데 전쟁 때문에만 살기 힘들었던 게
아냐. 해마다 시도 때도 없이
흘러넘치는 강도 우릴 괴롭혔거든.
에휴
집도 절도
없는데 수해
까지…
엎친 데
덮쳤네요.
한번 생각해 봐.
이집트의 자연은 외적의
침입에서 보호해 주고
범람도 규칙적이라
살기가 좋았잖아.
룰루랄라
근데 우린 뭐냐고.
툭하면 전쟁 일어나고,
강물은 아무 때나 넘쳐
피해를 입고….
도대체
왜 이렇게
편애하는 건데?

그래서 우리는 자연을 믿거나 사랑하지 않았고
이집트 사람들처럼 내세를 중요하게 생각하지도 않았어.
내세야 어찌 되건 살아 있을 때라도 좀 행복했으면….
맞아 죽으면 끝이거든
이렇다 보니 신들도 사람들의 사랑을 못 받았죠.
아시죠? 우리가 자연을 어떻게 생각하는지가 신에 대한 태도로 이어진다는 거.
….
신들은 무시무시한 두려움의 대상이었고
에비―
사람들은 신이 정한 일은 바꿀 수 없다고 생각했지요.
당연하지. 힘센 신이 정한 일을 어쩌겠어? 내가 힘 있나? 그저 신께서 정한 운명에 몸을 맡길 뿐.
그럼, 우린 만날 이렇게 불안해하면서 살아야 해?
늘 불안해서 못 살겠는데….
글쎄…. 그것도 좀 그러네. 뭐 좋은 수가 없을까?
있지, 있고말고. 앞으로 무슨 일이 일어날지를 알면 되잖아.

이렇게 미래를 알아보려는 바람에서 생긴 메소포타미아의 점성술은

개인의 운명을 알아보는 점에 이르기까지 널리 퍼졌다.

그래서 메소포타미아의 천문학은 주로 별들이 어느 시간에 어느 위치에 있는지를 관측하고, 별의 속도를 계산하는 것이 발달했는데…
별의 속도
시간
1년
별의 속도
1년
처음엔 별의 속도를 점을 찍어 도표로 그리고
속도의 변화를 계산하려고 애썼지.
위치
가속도
속도
날짜
목성의 운행표
기원전 410년쯤에는 어떤 사람이 태어났을 때의 별의 위치를 알 수 있는 천궁도를 제작했고
그 후 별들의 위치를 미리 알 수 있게 되면서 사람들은 더욱 점성술에 의존했지.
내 생일 때의 천체도
뭐야. 결국 메소포타미아의 천문학은 점성술이 다인 거예요?
상당히 미신적이구먼-
그건 아니지!
발끈
지구는 배를 엎어 놓은 모양이고 육지는 바다에 둘러싸여 있어.
하늘과 대지가 만나는 곳에는 흙 두렁이 있어 하늘을 받쳐 주지.
미신으로 흐르긴 했지만 우리 우주관은 이집트보다 훨씬 자세했고 실용적이었다고!
뭐, 이것도 우리랑 크게 다르지도 않은데….

끝까지 들어 봐요.
하늘은 푸른색이고
(왜냐하면 푸른 보석으로
만들었기 때문이지.)
별들은 천구에 박혀 있으면서
구멍이 뚫리면 하늘에
저장해 둔 물이 쏟아져 내리는데,
이게 바로 비거든요.
평범해, 평범….
태양과 달은
낮과 밤에 하늘을
가로질러 지구
뒤쪽으로 사라지고
….
글쎄,
평범….
달이 차고 이지러지는 이유가
달과 태양의 위치 때문이라는 것을
알게 되었고….
아함
달이 스스로 빛을 내지 않아
태양 빛을 받는 부분만
빛난다는 것도 알게 됐죠.
어때?
이래도
우리가
안 대단해?
우아-
이걸 어떻게
알았지?
글쎄…. 통 무슨 소린지
알 수가 없네.
그리고 현대에 쓰이는
별자리들을 정리한 것도
우리고….

별들은 태양이 다니는 길과 비슷하게 움직인다는 걸 발견하고
이 띠를 열두 개로 나눠 계절에 따른 별자리를 만들기도 했지.
말하자면 황도 12궁이라고 들어 보셨는가 몰라?
…….
천체를 관측하기 위해 '지구라트'라는 큰 건물도 만들었고.
자오의 같은 전문 기구도 사용했는데….
뭐, 그건 그렇고….
그건 그렇고라니
메소포타미아의 수학은 어땠나요?
학구적
진지함
수학이라면 천체의 위치를 미리 계산할 정도로 발전했지.
아, 글쎄 천문학 얘긴 이제 그만하라고요.

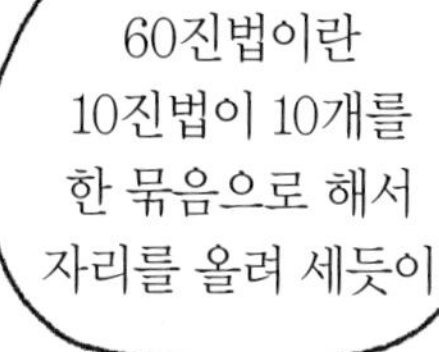

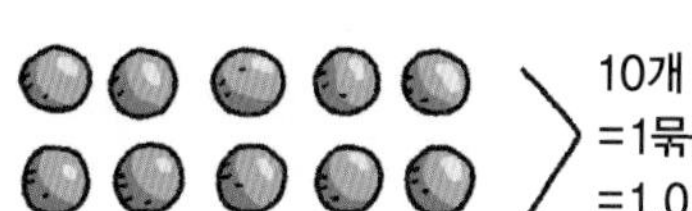

10개
=1묶음
=1.0

1.4
=10+4
=14

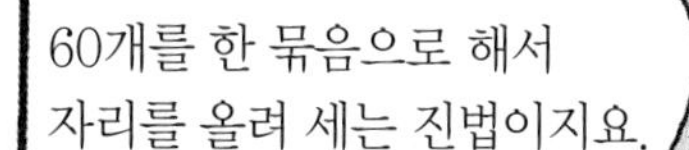

60개
=1묶음
=1.0

1.4
=60+4
=64

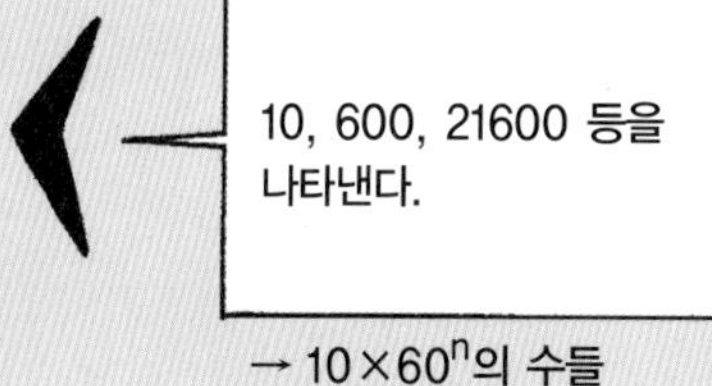

1, 60, 3600 등을 나타낸다.

→ 1×60^n의 수들

10, 600, 21600 등을
나타낸다.

→ 10×60^n의 수들

1	2	3	4	5
6	7	8	9	10
11	20	21	30	40
50	60	100	120	200

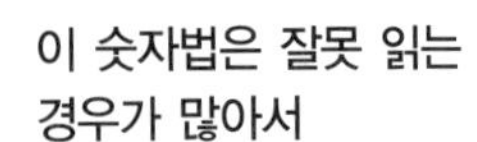
이 숫자법은 잘못 읽는 경우가 많아서

예를 들어 이런 숫자가 있다면

오늘날에는 정확하게 해석하기 어려운 것도 있다.
이건 1+24인가요? 아님, 60+24인가요?
그건 우리 때도 잘 몰랐어.
그냥 앞뒤 상황을 보고 눈치로 판단하는 거지, 뭐.

메소포타미아가 60진법을 쓴 이유로는 여러 가지 설이 있다.
워낙 여러 민족이 살다 보니까 계산하는 방식이 다 다를 거 아냐? 그걸 통일하기 위해선 약수가 많은 60이 제일 좋더라고.
에이, 아닐세. 달이 차고 기우는 날짜가 30일이라서 그 두 배로 한 거라네.
무슨 소리!! 60이 행운의 숫자이기 때문이라고!

현재도 시간 단위와 각도 등에 60진법의 흔적이 남아 있다.
아빠, 왜 한 시간은 100분이 아니고 60분이야?
그건 메소포타미아 사람들한테 물어보렴.
메소포타미아의 수학 내용을 전하는 문서는 대부분 실용적이다.
도량형이나 세금, 신전 기초 공사, 수로와 성벽 등에 대한 해결법 등

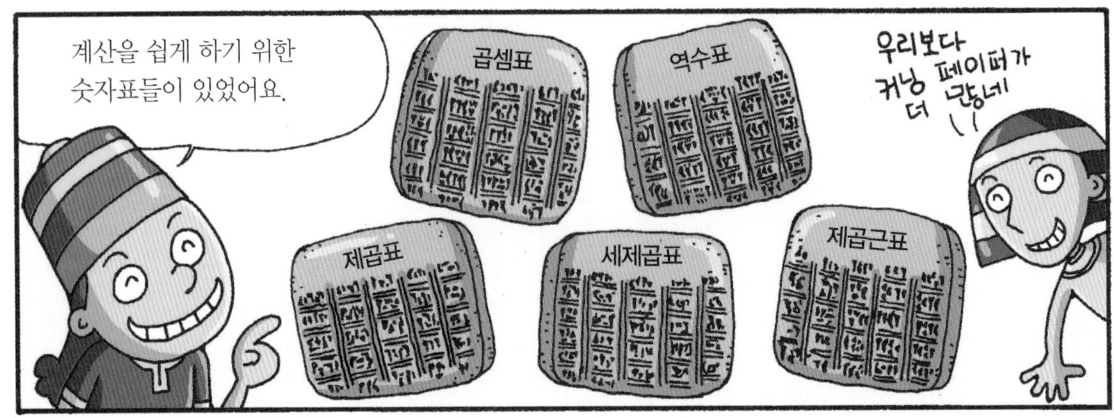
계산을 쉽게 하기 위한 숫자표들이 있었어요.
곱셈표
역수표
제곱표
세제곱표
제곱근표
우리보다 커닝 페이퍼가 더 많네

+, −, ×, ÷ 등은 20자리수까지 할 수 있을 만큼 능숙했지요.
점토판 좀 아껴 써라
2, 3차방정식을 이용한 대수법을 할 줄 알았고
x+y =?
대수법 : 숫자를 대입해서 문제를 푸는 방법
수학의 추상적인 법칙성도 알고 있었죠.
이집트 사람들이 모르던 직각삼각형의 세 변 사이의 관계에 대해서도 알았지비.
4
3
5
쳇! 그래도 원주율 계산은 이집트가 훨씬 정확했네요, 뭐.
메소포타미아에서 수학이 발달한 것은 시간 계산을 태음력으로 했기 때문이다.
달이 차고 이지러지는 날짜를 세어 한 달로 계산하는 법, 알죠?
이 역법은 이집트에서 썼던 것과 마찬가지로 1년이 354일밖에 안 됐는데….
1년이 너무 짧은데? 계절이 어긋나잖아…
메소포타미아 사람들은 천문을 관측하고 계산을 해서 이 오차를 해결하려 했던 것이다.
수성이 이 위치에 올 때 3월이면….
8월엔 요만큼 움직여서 요 위치에 올 거고….
그럼 화성은 저기만큼 오게 되나?

그러나 이 수정 방법은 정확하지 않았다.
에잇! 해도 해도 계산이 틀리잖아!
다 필요 없어!
앞으로는 천체 현상을 시간 측정에 사용하지 않을 거야!
무조건 1년은 360일!

일주일은 7일! 하루는 24시간! 하늘은 360° 의 원!
틀리면 날짜는 8년마다 윤달을 넣어 맞춘다!
이렇게 우리가 마음 편하게 만들어 낸 시간 단위들이 아직까지 남아 있는 거란다.
뭐 불만 있어?
아항~ 그렇구나!

메소포타미아의 점성술은 사회 전반에 커다란 영향을 미쳤다.
물론 의학도 마찬가지지. 의사는 마치 점쟁이 같았거든.
왜냐면 의사들은 환자를 치료할 때 마술도 함께 사용했거든.

질병은 악령이 한 짓이거나 죄의 대가라고 생각했고.
으으 배가 아파요
악령이 들어간 게야. 이 약을 마셔 봐.
그러게 평소에 좀 착하게 살 일이지.
쯧 쯧

이건 무슨
약인데요?
토하는 약이랑 설사약이야.
위 아래로 속을 뒤집어
악령을 쫓아내야지.

약은 아픈 걸
좀 덜 뿐이지
병을 치료하지는
못한다고.
이게 뭐야-
제대로 된
약을 줘요

아이고 배야~
그럼 약을
안 쓰는거예요?
안 쓰긴? 우리도 약을 썼지.
약초 식물의 뿌리, 줄기, 열매,
잎 등을 쓰거나

명반, 돌가루, 소금 같은 광물질이나
동물의 신체 일부도 썼는걸!
그럼
뭐라도
좋으니……

기다려, 기다려. 약초라 해도
다 같은 약초가 아니거든.

보름달이 떴을 때나 뜨기 직전의
성스러운 시간에 구해야 약효가
제대로 나오는 법이거든.
그때까지
못 기다려요오~!
미리 구해 놓은 약초도
없어요?
보름까지 사흘
남았으니까….

어, 조금 있긴 한데….
그럼 조금만 더 기다려 봐.
또 뭔데요?

약을 지을 때는 순수한 어린아이가
같이 있어야 약효가 좋아지거든.
내 금방
조카 불러올게

잠깐 스톱
저…, 제가 어린아인데 저로 안 될까요?
어, 그럴까? 그럼….
이번엔 또 뭐하시는 거예요?
하나요 둘이요
으응. 약으로 참깨 씨를 줄 건데 3이나 7이나 21로 개수를 맞춰서 줘야 약효가 높아지거든.
…….
저…, 약은 됐어요. 안 먹을래요.
그럴래? 그럼 그러든지. 어차피 약으로는 안 된다니까.
무슨 의사가 이래요? 아이고, 배야~!
아, 걱정 마. 의사 본래의 임무는 충실히 해 줄 테니까.
염소를 데려와서 어쩌자는 거예요?
병이란 게 원래 신의 노여움을 타서 생긴 거니까 살살 달래야지.
메에~
지금부터 내가 점을 쳐서 신에게 처방을 알아볼게.
우욱
이렇게 의사들은 주로 염소나 양의 간 모양을 보고 점을 쳤지.

의사들이 동물의 간으로
점을 친 것은 간에는 피가 모이니까
건강과 깊은 관련이 있을 거라고
생각했기 때문이야.

간의 모양

이렇게 동물의 내장을 연구하는 전통은
적어도 고대 로마까지 이어졌고,
동물 해부학의 기반이 되었지.

간의 모양을 보고 미리 정해 놓은
주문을 외워 치료했지요.

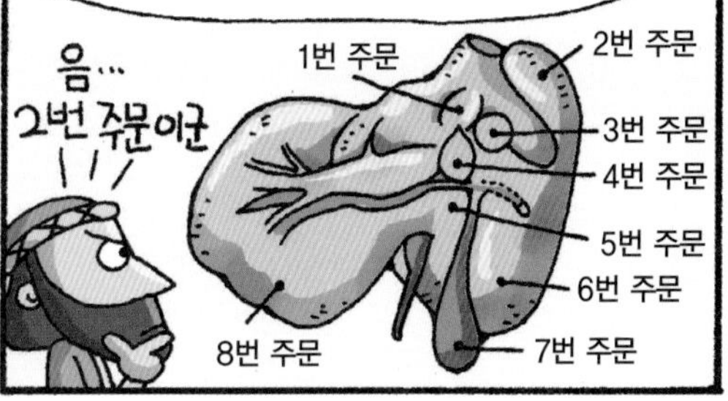

그래서 외과 수술도구는 있었지만
외과 수술은 거의 안 했어요.

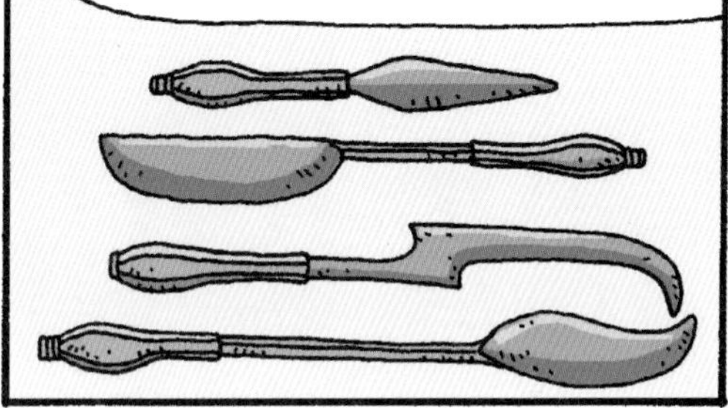

진료를 잘못했을 때 받는 벌도
누구한테 잘못했느냐에 따라 달랐지.
내 얘기가 아니고….
헉! 역시 그런 사고를 쳤군요

노예를 죽게 하면 다른 노예
한 명을 주면 됐지만

영주를 죽게 하면
두 손이 잘렸지.
허걱
이러니 신중할 수밖에 없잖아.
결과가 잘 나오게 해 달라고
신에게 매달릴 수밖에
없고.

메소포타미아 의학의 또 다른 특징은
수의사가 있었다는 거야.
수의사는 좀
과학적으로
치료했나요?

수의사도
많은 마법과
저주를 썼지.
사람이든 동물이든
아픈 원인은 대개
비슷하잖아?
아예….

동물을 치료할 때도 점술을
이용하기는 했지만
동물에 대한
지식도 꽤 많이 모았지.

수백 종의 동물에
이름을 붙여 목록을
만들기도 했고.
이 많은 것들을 어떻게
정리 좀 해 볼까
궁리하다가

식물도 풀과 나무로 나눠 구분했다.

메소포타미아는 매우 일찍부터 지리학을 쌓아 왔는데
우리 메소포타미아 말고도 다른 나라가 있고, 기후나 풍토가 서로 다르다는 걸 알고 있었지.
모를려야 모를 수가 있나? 만날 쳐들어오는데!!
이것을 바탕으로 지도를 만들었다.
음, 이 지도들은 기구로 정확히 재서 만든 건 아니었고
그냥 경험으로 그 지역까지 가는 데 걸리는 시간에 따라 거리를 표시한 거야.
음, 페르시아까진 보름 걸려서 갔으니까….
세계 지도도 마찬가지로 그냥 우리 생각대로 만들었어.
①~⑦ : 일곱 개의 섬
페르시아 만
유프라테스 강
습지
①
②
③
④
⑤
⑥
⑦
바빌론
산지
세계를 순환하는 태양
우리 메소포타미아가 세계의 중심에 있는, 둥그런 바퀴 모양의 지도인데…
자기 나라를 한가운데에 놓고 만드는 지도는 아라비아와 중세 유럽에서도 자주 따라했지.

★ 우르(Ur) – 고대 메소포타미아 남부에 있었던 도시.

각각의 건축물은 여러 가지 건축 기술을 골고루 이용했다.

건축 기술 하나는 뛰어났다니까….

돔

아치

원기둥

또 건축물의 무게를 줄이는 기법도 사용했다.
지구라트 벽들은 가운데 부분이 불룩한데
이건 '엔타시스 기법'으로, 위층의 무게에 눌려 건물이 무너지지 않도록 가운데 부분을 튼튼하게 만드는 건축 양식이지.
그 밖의 기술을 살펴보면 전쟁에 관련된 것들이 가장 발전했어.
아무래도 전쟁이 많다 보니
또 전쟁이 났어
좋은 무기를 만들기 위해 야금술이 매우 발전했고
잘 만드는 게 살길이거든
마부 한 명, 방패 든 병사 한 명, 사수 두 명
기마병의 공격에 맞서기 위해 전차도 만들었죠.
하지만 이 시대의 마구는 말이 끄는 힘을 제대로 낼 수 있을 만큼은 아니었죠.
말 네 마리
튼튼한 나무 틀과 여섯 개의 살이 있는 바퀴

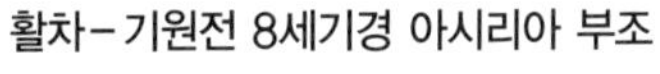
활차-기원전 8세기경 아시리아 부조

그 밖에도 무거운 것을
운반할 땐
지레와 밧줄을 썼어.
이집트의 운반 방법과
뭐가 다를까?
한번 비교해 봐.
아, 글쎄 비교 좀
그만하자니까.
또 지레를 이용해
물을 퍼올리는
두레박을
사용했는데
이 두레박으로
세 사람이 한 시간에
6㎥(6000ℓ)의 물을
길을 수 있다우.
어라?
근데 오늘따라
뭐가 이렇게
시끄러워?
이봐, 빨리 가자고!
어딜 가?
또 전쟁이 났어!!
무슨 소리! 나름대로 실용적인
과학이 발달했는데….
무엇보다 메소포타미아의
수학과 천문학은 서양 학문에
큰 영향을 미치게 된다고!!
우린 만날 짐 싸느라
볼일 못 봐요, 정말….

그때 이런 일이 : 수메르의 발견

★ 피테칸트로푸스 – 지금은 뒤브와에 의해 발견된 피테칸트로푸스를 호모에렉투스로 분류한다.

그런데 쐐기문자를
연구하던 학자들은
벽에 부딪혔습니다.
끙
이상해~.
바빌로니아나 아시리아
같은 셈족 계통의
언어로는 이런 문자가
나올 수 없는데….

이 문자는 누군지는
몰라도 다른 종족이
만든 게 분명해!

무슨 소리야.
그렇다면
그런 사람들이
살았던 흔적이
발견돼야지.
아니면 누군가가
문자만 전해주고
갔다는 거야?
그럴 리는 없잖아!
증거! 증거만
있었어도….
심증은 있는데
물증이 없어서….

그러한 종족이 있었다는
단 하나의 증거도 발견되지
않았지만

이 이론은
점점 더
설득력을 가지게
되었죠.
근데 아무리
생각해도
네 말이 맞는 거
같아.
그렇지?

결국 이 환상의 종족은
발견되기도 전에
이름부터 생기게 되죠.
우리 이 종족을
수메르라고
불러요.
오페르

★ 탐색적 예측 수법, 외삽법이라고도 한다.

3

고대 아메리카

잊혀진 고대 문명의 한 자락

중앙아메리카의 고대 문명들
남아메리카의 고대 문명들

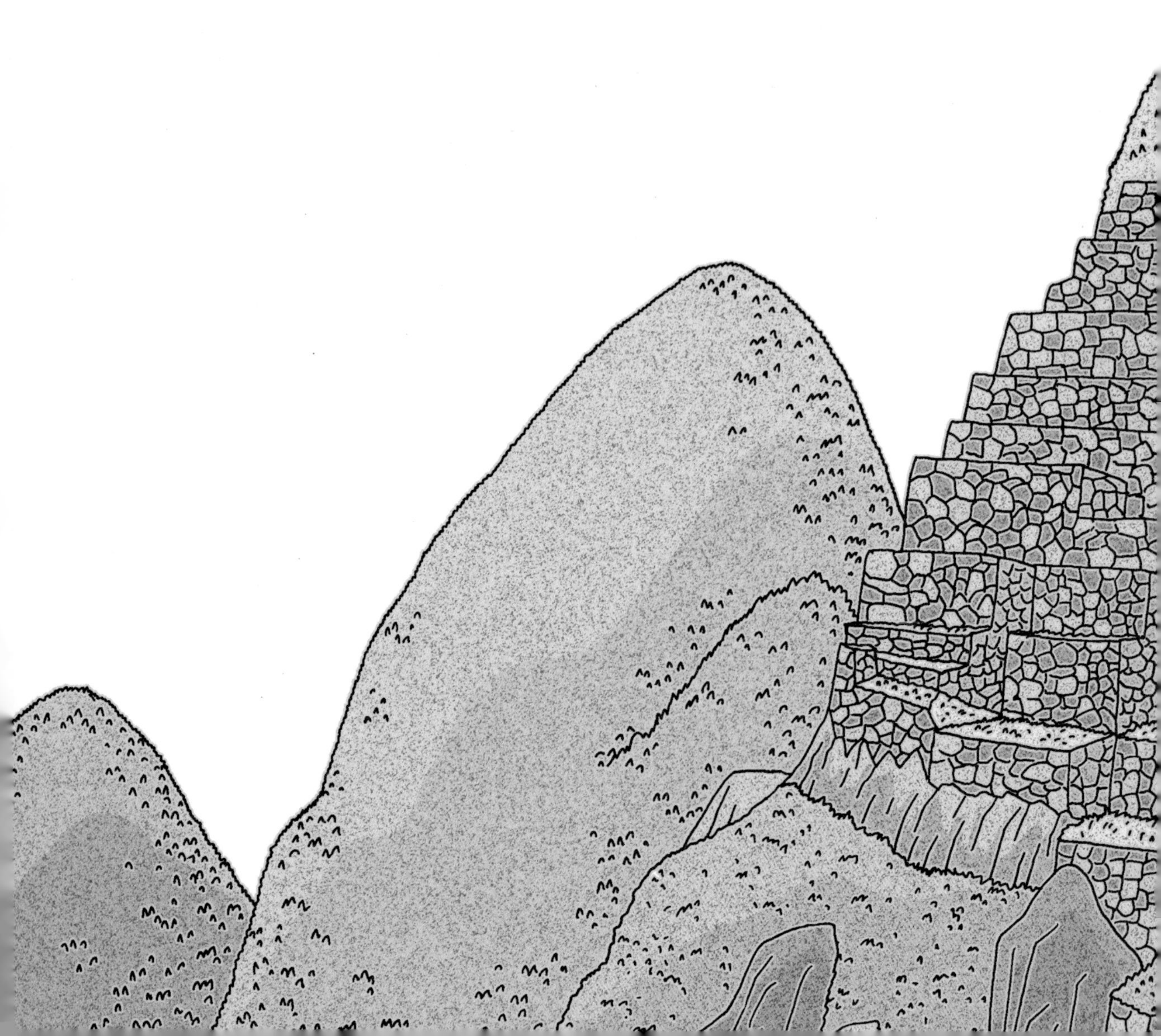

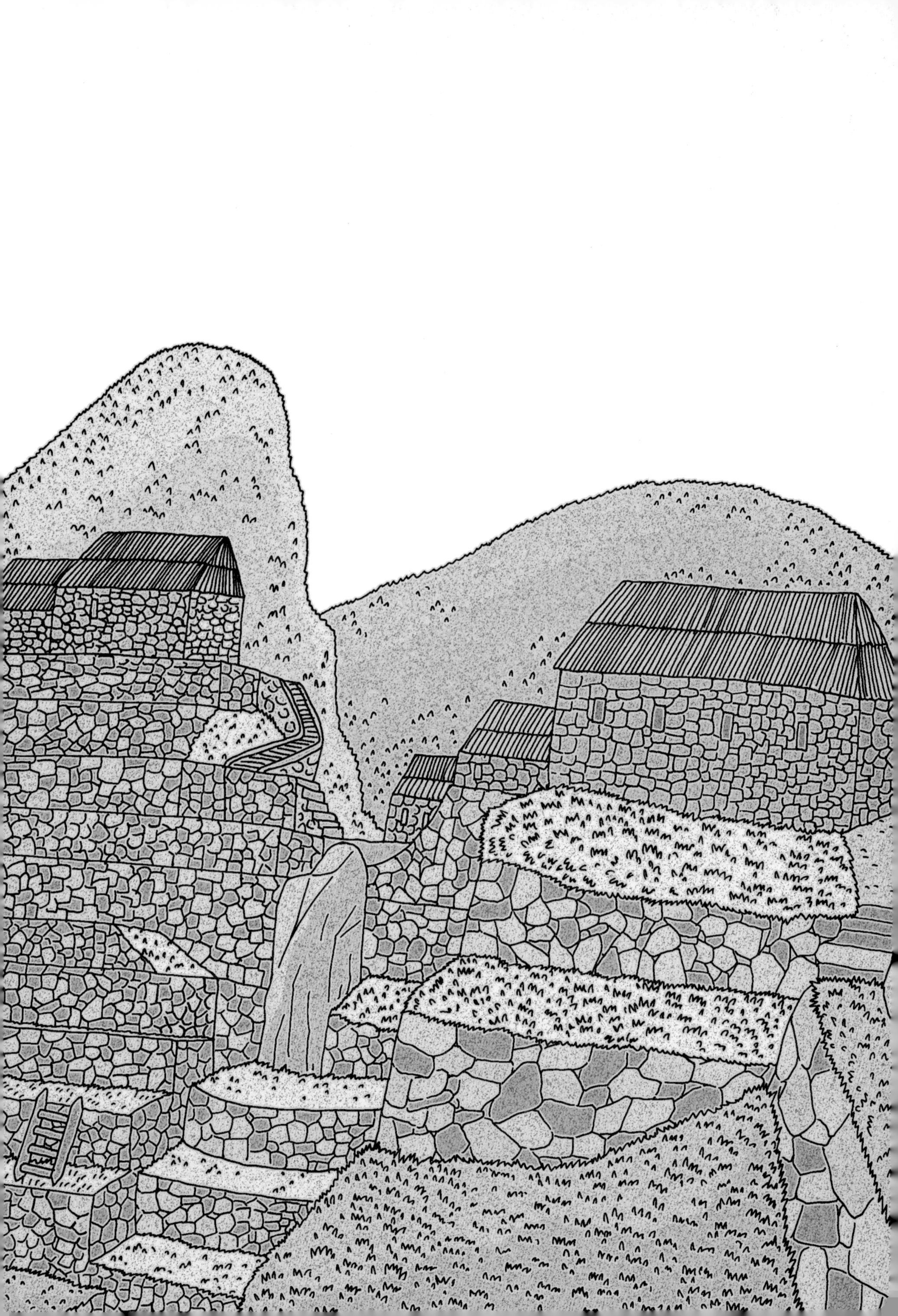

이집트와 메소포타미아 문명이 한창일 때
아메리카에서도 문명이 발달하고 있었다.

중앙아메리카에서 처음으로 생겨난 문명은
올멕 문명으로

아메리카 대륙에서 옥수수 재배가 시작된 뒤에 멕시코 만을 중심으로 나타났다.

이들이 처음에 어디서 왔는지는 확실치 않지만 몽고인 가운데 일부가
베링 해협을 건너가 문명을 이루었다고 추측하기도 한다.

아메리카 문명은 올멕과 차빈 문명을 중심으로 발달해 나갔다.
야— 그림이다
그런데… 다 비슷한데?
무식하기는….
즉 다른 지역은 거의 원시 상태에 가까웠다는 얘기예요.
이 두 문명은 모두 종교를 바탕으로 다른 지역까지 세력을 확장했다.
신의 이름으로
흩어져라—
와—
와—
올멕 문명의 역법과 신앙은 아스텍이나 마야 등 중앙아메리카의 모든 문명에 큰 영향을 끼쳤고
아스텍
톨텍
마야

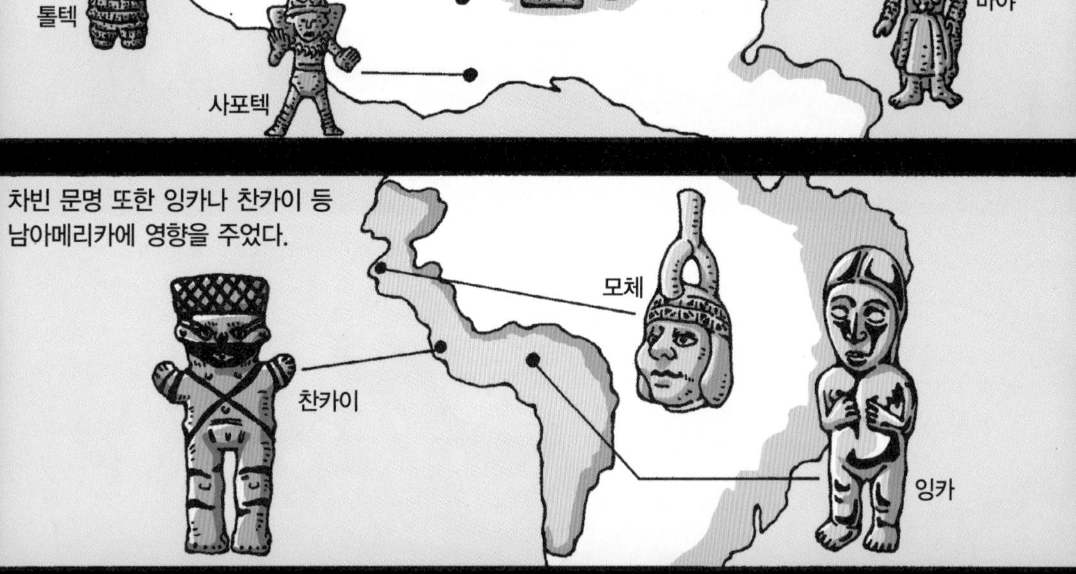
사포텍
차빈 문명 또한 잉카나 찬카이 등 남아메리카에 영향을 주었다.
모체
찬카이
잉카

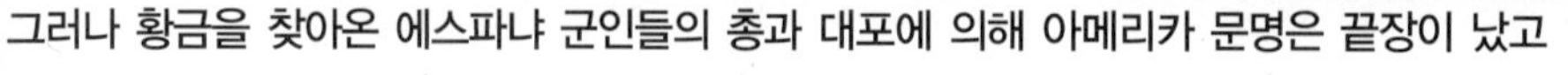

서양 기독교인들이 많은 유적들을 우상으로 여겨 파괴하는 비극이 일어났다.

중앙아메리카의 고대 문명들

몽고인들이 언제 아메리카로 이동했는지 정확히 알려지진 않았지만

이미 그들은 기원전 1만 1000년경에 아메리카 대륙의 대부분을 차지하고 있었다.

기원전 7000년경 후부터 날씨가 점차 따뜻해졌기 때문에 사람들은 테오티우아칸 계곡을 중심으로 농사를 짓기 시작했다.

토기류는 기원전 2300년경부터 만들어졌고

동물은 뒤늦게 기르기 시작했다.

기원전 900년경에 올멕 문명이 나타났는데

멕시코 만 안쪽의 낮은 지대에 도시를 건설했다.

모여 살면서 축제도 하고, 또 그러다 보면 신전도 만들고 싶고.

그러다 보면 졸기도 하고….

꾸벅

그들은 크고 정교한 무덤도 만들었다.

기원전 800~기원전 400년 사이에는 정교한 도자기들을 만들었다.

철광석, 진사★, 사문석★ 그리고 또 다른 상품들을 수입하기 위한 무역소도 여러 군데 생겼다.

올멕 족은 자기들의 일상생활과 밀접한 자연현상을 신으로 만들어 섬겼다.

★진사-수은으로 이루어진 황화 광물. ★사문석-마그네슘을 함유한 함수 규산염 광물.

신들은 원시적인 자연숭배를 확장한 것이었다.
예를 들면 이 신은 재규어와 사람을 섞어 놓은 모습입니다.
사람들은 재규어 신을 섬기면서 재규어의 힘이나 슬기로움, 뛰어난 사냥 능력 등을 닮으려 했지요.
빨리 절해라. 그래야 밤에 혼자 화장실 갈 수 있지.
무서워~

올멕 족의 유물 중에는 가운데 구멍이 뚫린 오목거울이 있는데
가운데에 구멍이 뚫려 있군.
뭣 때문에 뚫었을까?

이것을 보고 올멕 족이 '반사 현상'에 대해 알고 있었으리라 추측한다.
반사라면 나도….
어쩌면 불을 피우는 데 쓰는 오목렌즈도 있었을지 모르지.
밥하게 거울 좀 주세요~

유적 중에는 돌로 된 커다란 얼굴상이 있는데
44t의 현무암 돌로 만든 유적인데 여러 개가 발굴되었지요.

흑인으로 보이는 얼굴과
거참 이상하다. 이 얼굴상은 마치 흑인을 직접 보고 만든 것처럼 흑인과 똑같은데….
어떻게 흑인을 봤을까?
아메리카 인디언은 16세기 서양인들의 침략 뒤에나 흑인을 처음 보게 되거든요.

머리에 쓴 헬멧 모양이 많은 관심을 불러일으켰다.
요즘 운동선수들이 쓰는 헬멧과 비슷하게 생겼는데
히히히 간지러워
왕관은 아닌 것 같고…. 이걸 어디에 썼지?

그들이 사용한 고무공은 파라고무나무에서 채취한 나무즙으로 만든 것인데

올멕 문명은 중앙아메리카에서 가장 먼저 숫자와 문자, 달력을 가졌는데 그들의 셈법은 매우 독특했다.

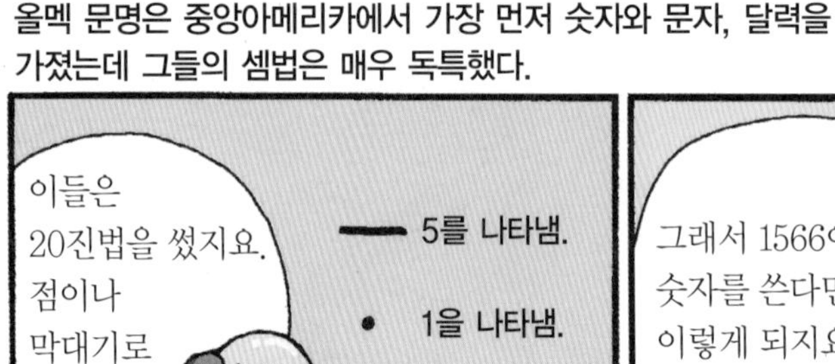

마야 문명은 기원전 300년경 사이빌 지역에서 처음으로 나타났다.

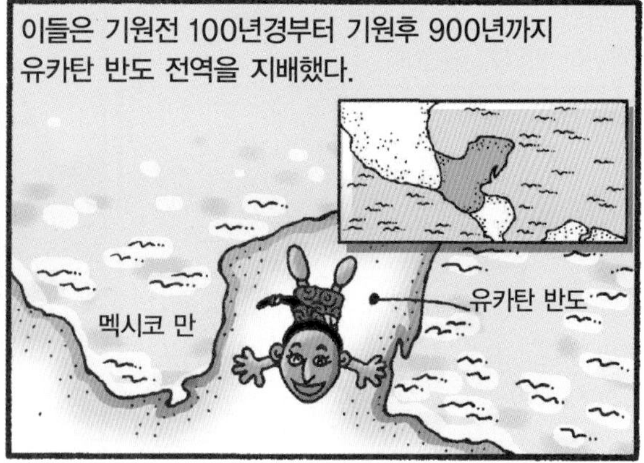

지배 계층은 평민들과는 출신 성분이 다르다고 생각했다.

마야의 종교는 잔인했지만 일상생활에 가까이 있었기 때문에

건축 또한 종교와 관련되어 눈부시게 발전했다.

마야의 가장 큰 도시 테오티우아칸의 경우 전성기인 기원후 500년경에는 면적이 20km²나 될 정도로 광대했다고 한다.

마야의 피라미드는 계단을 가파르게 지은 뒤 꼭대기에 닭 벼슬 모양의 지붕이 있는 신전을 올렸다.

마야 문명이 망하고 나서 수세기 동안 잊혀졌던 마야 도시들은
우연히 발견되는 경우가 많았는데

유적에서 발견한 비석들에는 상형문자들이 새겨져 있었는데

학자들은 이 상형문자가 왕의 즉위를 뜻했다고 풀었다.

학자들은 역법이나 일식 기록에서 마야 인의
셈법을 밝혀냈다.

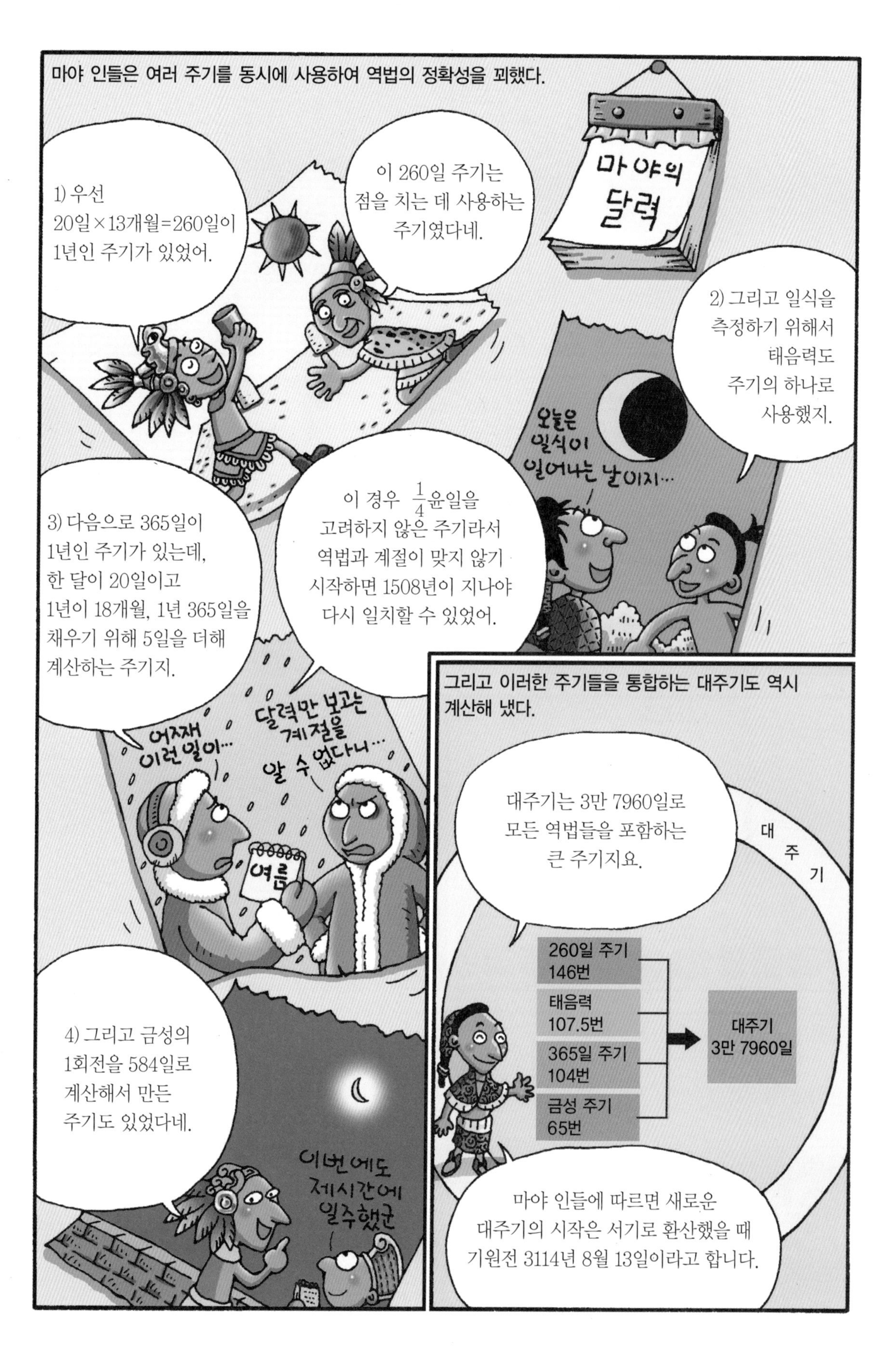
마야 인들은 여러 주기를 동시에 사용하여 역법의 정확성을 꾀했다.
마야의 달력
1) 우선 20일×13개월=260일이 1년인 주기가 있었어.
이 260일 주기는 점을 치는 데 사용하는 주기였다네.
2) 그리고 일식을 측정하기 위해서 태음력도 주기의 하나로 사용했지.
오늘은 일식이 일어나는 날이지…
3) 다음으로 365일이 1년인 주기가 있는데, 한 달이 20일이고 1년이 18개월, 1년 365일을 채우기 위해 5일을 더해 계산하는 주기지.
이 경우 1/4 윤일을 고려하지 않은 주기라서 역법과 계절이 맞지 않기 시작하면 1508년이 지나야 다시 일치할 수 있었어.
어째 이런 일이…
달력만 보고는 계절을 알 수 없다니…
여름
4) 그리고 금성의 1회전을 584일로 계산해서 만든 주기도 있었다네.
이번에도 제시간에 일주했군
그리고 이러한 주기들을 통합하는 대주기도 역시 계산해 냈다.
대주기는 3만 7960일로 모든 역법들을 포함하는 큰 주기지요.
대 주 기
260일 주기 146번
태음력 107.5번
365일 주기 104번
금성 주기 65번
대주기 3만 7960일
마야 인들에 따르면 새로운 대주기의 시작은 서기로 환산했을 때 기원전 3114년 8월 13일이라고 합니다.

잠깐! 이렇게 여러 개의
역법을 사용하는 이유가
역사를 정확하게
기록하기 위해서라면서요?
그렇지.
금성 역법
대주기

역법이 여러 개면
더 헷갈릴 수 있는 거
아네요?
차라리 역사를
꼼꼼히 기록하는 게 더
낫지 않을까요?
공부 하기도
쉽고…

음, 그건 아니지.
예를 들어 365일
주기만 사용한다고
할 때는
윤년이나 윤날을
어떻게 계산했는
지에 따라서
날짜가 많이
달라질 수 있지.
윤년

365일 주기는
4년마다 하루가
모자라게 되기 때문에
윤년을 두어 4년마다
하루를 늘려 주는
것인데….
보자. 만약 몇 년, 몇 월,
며칠에 일식이 일어났다는
기록이 있다면
이 날짜를 찾을 때

꼬박꼬박 윤날을
계산했을 경우에는
다행히 정확하게
거슬러 올라가겠지만
평년
윤년

서양의 그레고리우스
교황처럼 몇 년치를
한꺼번에 계산할
경우에는 날짜
계산이
근본적으로
달라질 수 있는 거지.
잘 모르겠다
일단 아무데나
…

게다가 1년의 길이나
한 달의 길이가
아예 다르다면 날짜는
더욱 차이가 날 수
있겠지?
예. 마야의 한 달이
20일인 경우처럼
말이죠.
30
31
260
13

그렇지. 그래서 여러 주기를
함께 사용하는 거야.
그러면 하나쯤 틀린다고 해도
다른 역법을 통해 고칠 수가
있거든.
결국
다 공부해야
한다는
소리잖아

기원후 800년 무렵부터 마야 문명은 쇠퇴하기 시작했는데
우리는 영원할 줄 알고 대주기까지 만들어 놓았는데.
억울하다
맞아요! 그 많은 주기를 어렵게 다 공부했는데….

이 지역에는 마야의 영향력이 사그러들지 않은 상태에서 새로운 문명들이 생겨났다.
선배님 안녕~
일단 주목해 볼 문명은 900년부터 1519년까지 번성했던 톨텍 족의 문명이죠.

톨텍 족은 후기 신석기 문명 정도의 수준이었는데
우리는 금속은 일절 사용하지 않았어. 왜냐고? 신석기 문명이었으니까.
무슨 자랑이라고…. 그래도 장신구엔 조금 사용했어요.

짐을 끄는 데도 동물을 사용하지 않았어. 왜냐고?
신석기 문명이니까….
사실은 잘 몰랐던 거지 뭐

농경기술이 발달해 생산성이 높았다.
낮은 지대에서는 노동력이 많이 필요한 집약농업을 했고
높은 지대에서는 계단식 밭을 만들어 사람 손이 별로 필요 없는 조방농업을 했지.

역법과 우주관은 마야를 이어받았으며
마야의 것을 그대로 받았어? 혹시 틀렸을 거란 생각은 안 해 봤어?
고럼. 선배님은 아는 게 참 많거든.

그 나름대로 문자도 가지고 있었다.
종이 대신 무화과 껍질을 얇게 펴서 글자를 썼지.

중앙아메리카 지역에서 마지막으로 번성한 문명은 아스텍 족이었다.
우린 태양신께서 선택한 민족이라고, 그거 알아?
그만하고 빨리 짐이나 싸라.

유랑 민족이었던 이들은 북쪽에서부터 사제를 따라서 이동했고
사제님, 그만 가요! 발이 다 부르텄다고요.
쉿! 신께서 조금 더 가라고 하시는구나.

텍스코코 호수까지 가서 그곳에 수도 테노치티틀란을 세웠다.
여기가 좋겠구나. 좌청룡 우백호는 아니지만 호수 가운데에 도시를 세우면 침범당할 걱정은 하지 않고 살겠어….
정말이죠? 이제 짐 풀어도 돼요?
이제 고생 끝이라고, 그거 알아?

아스텍 인들의 땅은 농사짓기에 알맞지 않아서
순 호수밖에 없는데 여기서 어떻게 농사를 지어요?
호수가 있지 않느냐?

결국 호수 위에 '치남파'라는 경작지를 만들었다.
우선 늪지에 직사각형 모양으로 말뚝을 박는 거야. 그러고 거기에다 물풀과 흙을 여러 겹 깔고….

둘레엔 버드나무를 심어서 무너지지 않도록 하지.
치남파 사이에는 좁은 수로를 만들어 카누를 타고 다니면서 일을 할 수 있도록 해.
이렇게 만들어진 치남파는 땅이 기름져서 농작물 외에 꽃이나 약초도 재배할 수 있었지.

그러나 치남파에서 생산할 수 있는 작물은 별로 없었다.
난 옥수수 말고 다른 것도 먹을 수 있단 말이야, 그거 알아?

그 때문에 아스텍 인들은 14세기경부터 전쟁을 벌여 중앙아메리카의 대부분을 정복하고 약소 부족들에게 공납을 강요했다.
너흰 이런 걸 바쳐야 한다고, 그거 알아?

'테노치티틀란'은 아스텍 족의 지리적·정신적 중심지였다.
치남파와 비슷한 원리로 만든 거대한 수상 도시였지요.
잘 닦은 넓고 곧은 길, 커다란 신전과 시장 등 훌륭한 계획도시이기도 했지.

이런 테노치티틀란은 에스파냐 정복자들이 그린 지도에도 그대로 남아 있다.
우린 아주 놀라 버렸슈.
육지와 연결된 네 개의 둑길을 막아 버리면 거의 난공불락의 요새였쥬.

아스텍 족은 다른 여러 부족과 마찬가지로 종교의 영향이 강했기 때문에 도시는 대신전을 중심으로 만들었다.
왼쪽은 비의 신 신전이고, 오른쪽은 전쟁의 신 신전이었죠.
알다시피 매우 실용적이고 실질적인 신들이었답니다.

그러나 아스텍 인들의 신앙은 매우 어두웠다.
옛날에… 각자 다른 태양의 시대가 네 번 있었고, 네 번 다 멸망했지.
그리고 지금은 다섯 번째 태양의 시대란다.
옛날 이야기?

태양의 힘이 없어지면 세상도 비참하게 끝나 버리지.
그리고 우리 태양의 종말도 얼마 남지 않았어.
이거 납량특집 인가?

저요! 질문 있는데요. 태양이 죽지 않을 수는 없나요?
없지.

그럼 조금이라도 늦출 수 있는 방법이라도….
그건 아마 태양신의 힘을 키우는 수밖에 없겠지.
어떻게요? 보약이라도 먹일까요?

그렇지! 바로 그거야! 생명의 원천인 심장을 바치는 거지.
난 무서운데…, 그거 알아?

실제로 아스텍 인들은 제물로 쓸 포로를 잡기 위해 많은 전쟁을 벌였고

공놀이 같은 것에도 종교적 의미를 붙였다.
공은 태양과 달을 상징하고
경기장은 우주를 상징하지.
그리고 진 편의 선수들은 태양의 승리를 기념하여 제물이 되는 엄청나게 살벌한 경기였지.

아스텍 인들은 신앙과 밀접한 태양력을 역법으로 썼고
당연하지! 태양보다 힘센 놈 있으면 나와 보라고 해!
1년은 365일이고, 18개월이었죠.

52년을 하나의 세기로 정했다.
칼
비
꽃
악어
그리고 이건 아스텍 족의 한 달 날짜를 표시하는 상형문자 중 처음의 나흘이에요.

아스텍 인들은 주술을 섞어 질병을 치료했다.
일단 먹어 봐~
이 약, 믿을 만한가요?
이거 꽤 잘 듣는 약이라고, 그거 알아?

의사와 치료사, 산파는 대개 여자였다.
동물의 살과 광물을 약으로 썼지요.
약초도 많이 썼고….
집에서 요리하고 조미료 섞으면서 갈고 닦은 실력이지.

또 한증 요법도 치료법으로 쓴 것 같다.
욕실의 뜨거운 벽에다가 물을 끼얹어 수증기를 만드는 방법으로 말이야.
아스텍 인들은 대부분 집에 한증탕을 만들었죠.
몸을 깨끗이 하고 마음도 정화시키기 위해서 목욕을 자주 했다고요.

아스텍 인들은 계급이 엄격했고
직업과 계급에 따라 입는 옷도 달랐지.
그래도 방귀 냄새는 비슷할 거야, 뭐.
왕족
신관
전사

신분도 이어받았다.
한번 왕족은 영원한 왕족!
아암. 우린 신의 자손이니까.
난 좀 치사하다고 생각하는데, 그거 알아?

아스텍 족의 유물 중 개 모양의 장난감을 살펴보면
이런 장난감을 무덤에 넣어 주곤 했지요.
개는 죽은 사람이 천국에 잘 찾아가도록 안내하는 동물이라서

바퀴를 알긴 했으나 실제로 쓰진 않은 것 같다.
이건 그냥 장난감일 뿐이라고, 그거 알아?

무기로는 흑요석을 박은 곤봉과 칼을 사용했다.
흑요석이란 화산활동을 통해 만들어진 유리질의 돌을 말하는데, 그거 알아요?
그거 알아서 뭐하게?
시치미

중앙아메리카의 강한 제국, 아스텍 족이 급속도로 멸망한 것은
정말 눈 깜짝할 새라고 할까?
그건 어느 나라 속담이유?

총과 대포를 가진 에스파냐 정복자들에 대한 두려움 때문이기도 했지만
타ㅡㅡㅇ
타당ㅡ
아이고~!
까만 게 엿가락처럼 생겨서 별로 안 무서운 줄 알았더니….
갑자기 불을 뿜고 난리네, 그려.

에스파냐 정복자들은 아스텍 족의 내분을 조장하고

이거 꽤 멋진 조각인데?
예술 타령은! 빨리 녹이기나 해!

에스파냐 정복자들의 파괴는 선교사들의 기독교 전파를 위한 파괴와 더불어

남아메리카의 고대 문명들

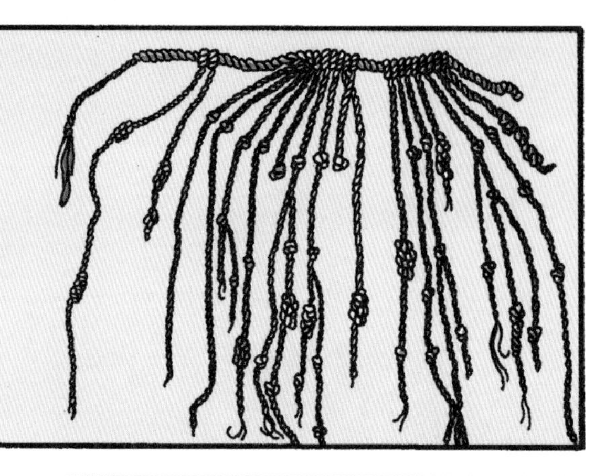

남아메리카의 정착 생활은 기원전 3500년경부터 시작되었는데

이 지역을 통일하는 거대한 제국이 등장한다.

이들은 기원전 600년경에 미라 제작을 시작한 것으로 보인다.
조상님을 잘 공경해야 하는 거야, 그치?
그럼요. 그래야 복을 많이 받지요.
그런데 흙으로 덮으면 조상님이 답답해하지 않으실까?
좋은 수가 있다! 흙 속에 묻지 않고 미라를 만드는 거야.

금속공예도 뛰어났고
에스파냐 정복자들이 약탈해 가서 몇 개 안 남긴 했지만….

쇠로 된 지렛대를 사용했으며
금속으로 만든 또 다른 거? …없어!
금속은 주로 장식품으로만 썼거든요.

막대로 만든 저울도 사용했으나 역학을 알았던 것 같지는 않다.
우린 그냥 문제를 해결했을 뿐이야. 이론은 없어. 그치?
그런 건 큰 소리로 말하지 마세요.

넓은 제국을 다스리기 위해 왕의 권력을 강화했고

나, 잉카(위대한 왕)에게 충성하라. 그러면…, 그러면… 음….
내가 모든 걸 다 해결해 주겠다!

효과적인 관료 기구를 두었다.
우린 일종의 귀족들로 왕의 대리인이라고 불렸죠.
그리고 이 커다란 귀걸이가 그걸 상징하지.
이들은 왕의 명령에 따라 세금을 걷거나 군대를 운영하는 일들을 했죠.

도량형도 기준을 정해야 했다.

도로에는 곳곳에 피라미드식 요새와 저장소가 있었다.

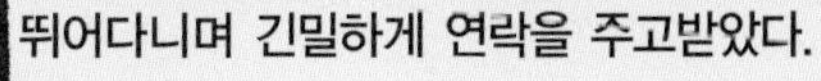

바퀴 달린 차는 사용하지 않았고

무거운 짐은 모두 사람이 지고 날랐다.

돌로 지은 잉카의 건축물들은 매우 훌륭했다.
바퀴나 도르래, 금속 연장 없이도 사람 키보다 더 큰 돌을 떼어 내고 옮긴 데다가
돌 사이에 면도칼 하나 들어가지 못할 정도로 딱 맞게 쌓았죠.
어떻게 이렇게 할 수 있었는지는 지금도 수수께끼야, 그치?

잉카 인들은 밧줄로 다리를 만들었는데 그 기술 또한 특이했다.
싫어! 무섭단 말이야.
그냥 눈 꼭 감고 건너세요.
이렇게 바구니를 타고 건너기도 했죠.
영희야!

잉카에서는 '키푸'라고 하는 매듭 끈으로 계산을 했다.
60㎝쯤 되는 끈을 묶어 놓은 모양이죠.
인구, 곡물, 기타 물건들을 여러 가지로 나누어 표시하고 계산했죠.
이 키푸의 여러 가지 색들은 각각 다른 의미를 가졌는데
예를 들면 이 노란 끈은 황금!
빨간 끈은 병사의 수를 나타내죠.
흰 끈은 은!

매듭은 단위 수를 나타내고
10
100
1000
10000
이때 아무 매듭도 없는 끈은 0을 나타내지요.
중요한 순서에 따라 차례대로 묶었다.
가장 중요한 것!
보통으로 중요한 것.
별로 중요하지 않은 것.

잉카는 농업을 주로 하는 사회였으나

잉카의 땅은 농사짓기에 알맞지 않은 탓에 관리를 잘 해야 했다.

농기구도 철제가 없었고, 나무로 만든 가래를 주로 사용했다.

이곳이 원산지인 감자는 나중에 유럽에 전해져 수많은 유럽 농민들을 굶주림에서 구했다.

잉카의 의학에서 손꼽을 만한 일은 '두개개구술'을 사용한 외과 수술을 했다는 점이다.

잉카는 태음력을 주로 사용했고

거기에 계절에 기초한 또 하나의 역법을 병행해 사용했다.

잉카의 한 해는 하지에 시작했고

이러한 날짜 계산을 위해 태양을 관측한 것으로 보인다.

전반적으로 잉카의 종교는 남아메리카의 다른 나라들과 비슷했고

에스파냐 정복자에게 쉽게 함락된 과정도 비슷하다.

놀라울 만큼 훌륭했던 아메리카의 여러 문명들은 단절된 역사 속에서 아직도 완전히 밝혀지지 않은 채 수수께끼로 남아 있다.

그때 이런 일이 : 마야 도시의 비밀

이렇게 튼튼하고
잘 지은 도시를 놔두고
왜 갑자기 이사를 간 걸까?

학자들은 이 수수께끼를
풀려고 애썼고…
뭘까?
전염병?

결국에 원인을
발견했어요.

마야 사람들은 도시에 모여서
농사를 지어 먹으며
복작거리고 살았는데

주로 도시 외곽에 있는 숲을
파헤치거나 불을 질러
농지로 만들었죠.

그런데 숲에 나무가 줄어들면
비가 올 때 홍수가 날 위험이
크거든요.

흙도 많이 떠내려가
농사짓기도 점점 힘들어지고요.

그런 데다가…
사람들이 많이 살다 보니
밥해 먹을 때 쓸 나무와
따뜻하게 살기
위해서도 나무가 많이
필요했죠. 이래저래
숲은 점점 더
파헤쳐졌어요.

숲이 사라지면 그곳에 살던 동물도
살지 못하고 농사도 힘들어지죠.
결국 이렇게 되면 사람도
살 수 없기 때문에…

마야 사람들은 도시를
버리고 다른 곳으로
떠날 수밖에
없었던 거죠.
다들 짐싸라
여기선 더
못버티겠다

고대에 보기 드물게 큰 도시와
발달된 문명을 만들었던
마야인들.

그들은 역사상 처음으로
환경을 파괴하다 낭패를 당한
사람들이기도 했습니다.
적당히 했어야
했는데…
남의 일이 아니네요.
화석연료를 지나치게 사용한 대가로
산성비가 내리고 빙하가 녹아내리죠.
우리도 이러다가 언젠가는
지구를 비워야 할지도….

4

고대 그리스

근본을 탐구하기 시작하다

고대 문명 가운데 그리스는 서양의
기본 정신을 가장 뚜렷하게 드러낸다.
우리는 서양의
뿌리와 같지!
서양 문화
도시국가들이 커 가면서 땅이 부족해진
그리스 인들은
밥 줘~
에잇,
안 되겠다!
해외로 나가자.
해외에 많은 식민지를 개척해 나갔다.
식민지에 갔던
배가 돌아왔다!
신기한 책도
가지고 왔어!
외국의 문물을 받아들이며
개방적인 성향이 강해진 그리스 인들은
난 장사하러 간다네.
요즘 경기가 좋대.
전 공부하러 가요.
우~ 멀미
우리는 신혼 여행
그리스 ↔ 이집트
식민지에서 잡아들인 노예들을
부리면서
펑펑 남는 시간을
어디에 쓸꼬?
민주주의라는 새로운 형태의
정치를 개발해 냈는데
정치에 쓰자고!
모두 공회당으로
모여라!
여자
우린
왜 빼?!
노예
민주정치는 비록 불완전하긴 했지만
자유로운 토론과 사고방식을 퍼뜨렸다.
내 말이
맞다니까!
글쎄, 내 말도
좀 들어 봐!
공회당

이 시기에 알파벳이 완성되면서
이건 정말 쓰기 쉬운데. 전문 서기관이 필요 없겠군.
나 쫓겨났어….
서기
지식이 널리 퍼지게 되었다.
누구든지 책을 구해 보거나 글을 쓸 수 있지요.
물론 우린 또 아니지.
난 노예
그리스의 신들은 우리가 알고 있듯이
그리스 로마 신화
완벽하고 위대한 신이 아닌 인간처럼 감정을 가진 존재였다.
에로스
아프로디테
저 계집애가 나보다 아름답다니….
감히 바람을 피워?
헤라
제우스
디오니소스
부어라 마셔라
이렇게 인간적인 신들을 보면
그리스 인들이 신에게 많은 것을 기대하지 않았고
저주를 내리리라
신앙보다 실제적 지식을 더 중요하게 여겼다는 걸 알 수 있죠.
그리스도 다른 고대 문명과 마찬가지로 세계의 본질을 탐구했으나

신앙에 얽매이지 않았고
하늘과 땅은 신의 몸이야!
자실이 아냐
각 식민지의 지식들을 수집하고 비교해서 합리적인 것들만 채택했다.
이건 맛이 별론데?
누가 맛보랬어? 읽어 보랬지!
진리는 다양하다고 생각했던 그리스 인들은
한 끼에 얼만큼 빵을 먹어야 하는지 정해야 하는 거 아냐?
그런 게 어딨어! 사람마다 양이 다른데!
'수학'을 가장 객관적이고 논리적이라 여겨서 수학으로 과학 정신의 기틀을 다졌다.
돌려 보고♪ 만져 보고♪ 의심해 보고…
수학은 앞뒤가 딱딱 맞으니 얼마나 아름다워!
그러나 기술은 자유민이나 상류 시민들 사이에서
땅 땅 땅
천시하는 경향이 컸으며
저런 육체노동은 노예나 하는 거지, 뭐.
기술을 대하는 이런 관점은 서양의 중세 말기까지 계속되었다.
땅 땅
말하자면 중세 말까지 기술이 별로 대우를 못 받았다는 얘기죠.

소아시아의 과학자들

그리스의 식민지가 폭넓게 자리 잡은 지중해의 동부 지역 소아시아는

동서 간의 활발한 무역으로 자유로운 생각이 일찍 싹텄다.

자유로운 생각은 과학에도 이어졌고, 관찰과 경험을 중시하게 되었다.

이전까지의 탐구들은 국가에서 시킨 이름 없는 저자들의 업적이었지만

이 시기부터는 지은이가 누구인지를 알 수 있는 학문을 만나게 된다.

그 첫 번째 인물이 '탈레스'다.

기원전 7세기 그리스 사람들은 자연현상을 합리적으로 설명하려 애썼는데

탈레스는 이집트와 메소포타미아의 지식을 많이 활용했으며

이집트에서 기하학을 배워 그리스에 들여오기도 했다.

또 그가 일식이 생길 것을 알아맞혔다는 이야기가 있는데, 메소포타미아의 일식과 월식의 주기를 이용한 것으로 보인다.

탈레스에 대한 또 다른 일화는 그의 실용적인 독창성을 잘 보여 준다.

탈레스는 올리브 기름 짜는 기계를 몽땅 빌려 집에 쌓아 두었다.

이듬해 예상대로 올리브는 풍년이었고, 사람들은 탈레스가 부르는 비싼 값에 기름 압착기를 빌릴 수밖에 없었다.

탈레스에 이어 나타난 아낙시만드로스는

만물의 근본에 대해 탈레스보다 조금 더 발전된 생각을 했다.

그 무한한 것은 스스로의 힘으로 소용돌이 운동을 하고 사물을 만든다.

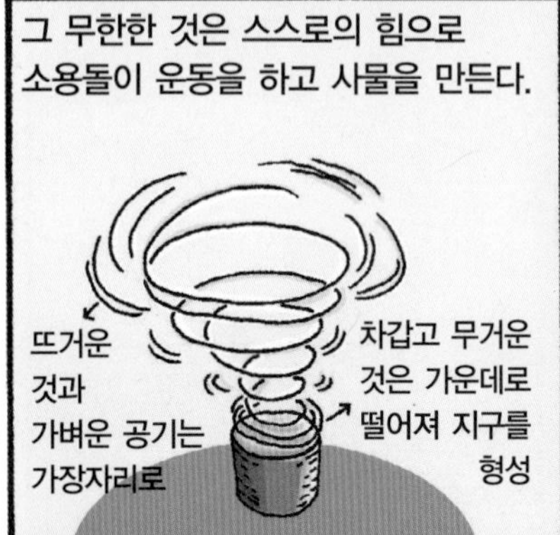

지구는 짧은 원기둥 모양이며 한 면에만 사람들이 산다.

모든 동물들은 바닷물과 태양 빛이 만나 만들어졌고

사람은 물고기의 후손이다.

태양과 달은 불의 고리인데, 공기가 둘러싸고 있으며

일식과 월식, 달이 차고 기우는 모습은 이 파이프의 각도가 달라졌기 때문이라고 생각했다.

달이 기운 모습

아하!

그의 이론은 먼저 가설을 만들어 내고 그 결과를 연구하는 방식으로

그 시대에 알아낼 수 있는 사실들을 가지고 설명을 했다.

또한 그는 처음으로 지구의 전체 지도를 그린 사람이다.

사람들이 사는 지역과 거기 사는 사람들에 대해서도 썼지요.

그는 공기의 변화에 주목했다.

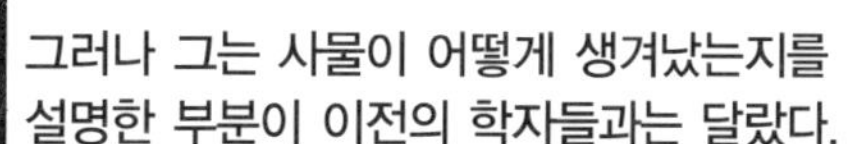

또한 물질이 변화하는 것은 공기의 상태가
변화하기 때문이라고 보았다.

이 무렵의 학자들은 상태의 변화를 많이 연구했다.

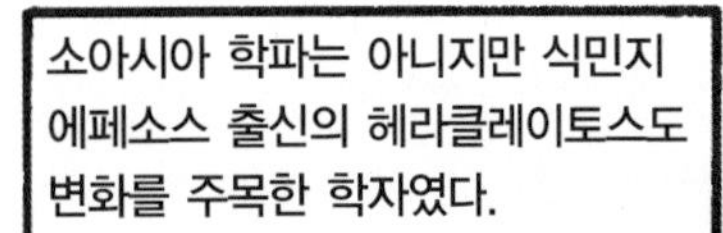

소아시아 학파는 아니지만 식민지 에페소스 출신의 헤라클레이토스도 변화를 주목한 학자였다.

그는 자연계의 모든 것을 불안정한 흐름으로 보았다.

자꾸 말 돌리지 말고 그냥 말해! 뭐가 기본 요소인데?

그렇지! 바로 이거야, 불!!

화르르~

당시 사람들은 불을 바짝 졸이면 물이 되고, 더 졸이면 흙이 되는 요소라고 생각했는데

그가 불을 중요하게 생각한 것은 그 때문이다.

헤라클레이토스는 천체도 불로 설명했는데

달이나 해가 타원형으로 보이는 모습을 설명하는 것으로는 그럴듯했다.

소아시아의 모든 과학자들 중에서 후대에 가장 많은 영향을 끼친 학자인 피타고라스는 사모스에서 태어났는데

당시 사모스는 그리스의 영향을 많이 받아 참주정치★가 실현되고 있었다.

참주정치에 불만을 품은 피타고라스는 크로톤으로 옮겨 가

★ 참주정치 – 귀족정치에서 민주정치로 넘어가는 시기의 정치 형태.

귀족정치를 옹호하는 이론을 펴며 피타고라스 학파를 만든다.

피타고라스 학파는 일종의 종교적인 정치단체로서 여자들도 회원으로 받았고

신도들에게는 종교적 계율과 함께 음악과 수학을 연구하도록 권장했다.

당대의 많은 학자들과 마찬가지로 피타고라스도 이집트와 메소포타미아를 여행했고

그 여행에서 수에 대한 강한 자극을 받았다.

그리하여 피타고라스는 다음과 같은 명제를 내렸다.

피타고라스는 더 나아가 여러 가지 수의 영역을 탐구한다.

악기의 현이나 공기통은 하나씩 음을 가지는데

길이가 반으로 줄어들면 한 옥타브 높은 음을 갖는다.

12:8:6의 비율로 공기통의 길이를 줄일 경우 조화로운 화음이 만들어지는데

피타고라스는 이것을 기하학에도 적용해 조화를 찾으려 했다.

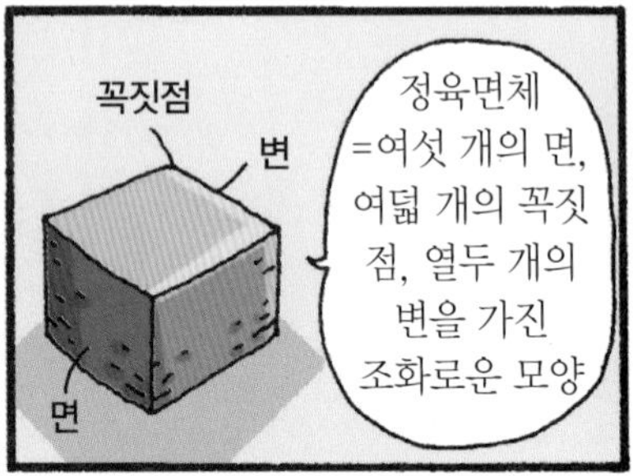

또한 직각삼각형같이 딱 맞아떨어지는 수의 관계를 중요하게 생각했다.

가장 큰 수를 제곱한 값이 나머지 두 수를 제곱한 값의 합과 같다는 것도.

5^2

3^2

4^2

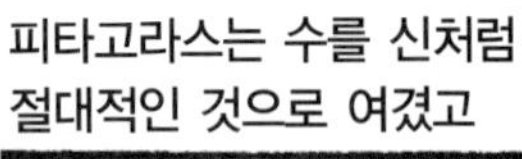

이를 증명하기 위해 연구를 했다.

피타고라스는 이 숫자들에서 나름대로의 법칙을 찾아냈다.

삼각수의 한 변의 개수는
1, 2, 3, 4의 배열이 되며

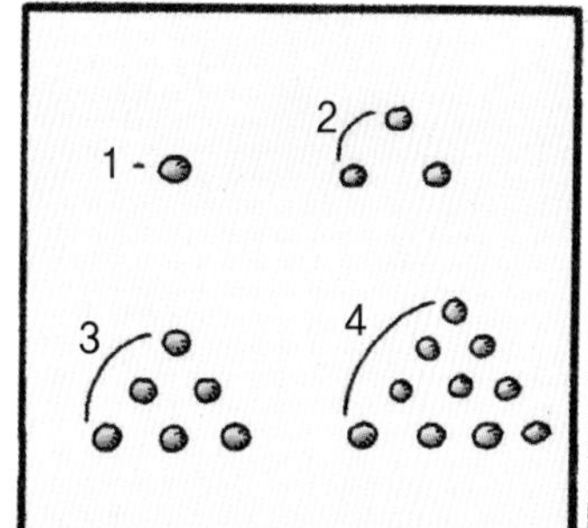

이 수들을 모두 더하면
1+2+3+4=10이 되므로
신성하게 여겼다.

다각수는 삼각수 말고도 사각수, 오각수 등
많은 종류가 있다.

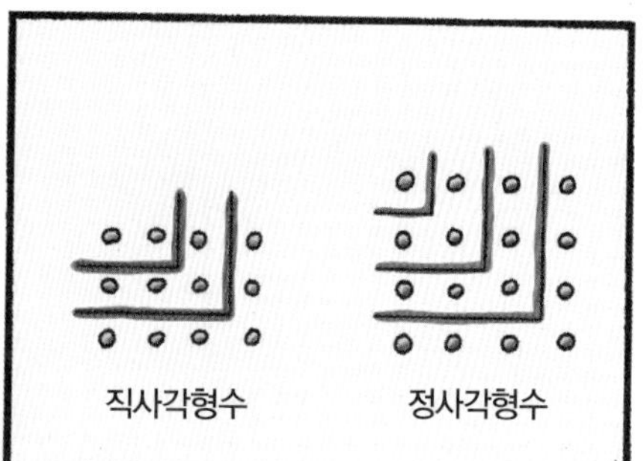

또한 그는 '완전수'라 불리는 숫자들을 찾아냈고

'친화수'라는 수도 찾아냈다.

284의 약수
1+2+4+71+142=220
220의 약수
1+2+4+5+10+11+20+22+45+55+110=284

약수를 모두 더해
나온 값이 상대방
수랑 같을 경우를
친화수라고 하지.

즉 220과
284는 친화수가
되는 거야.

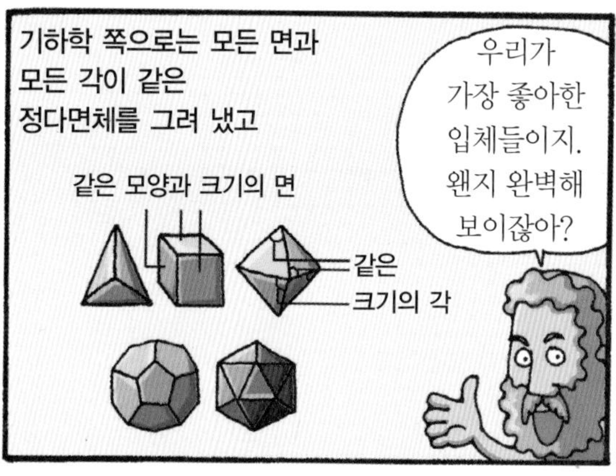

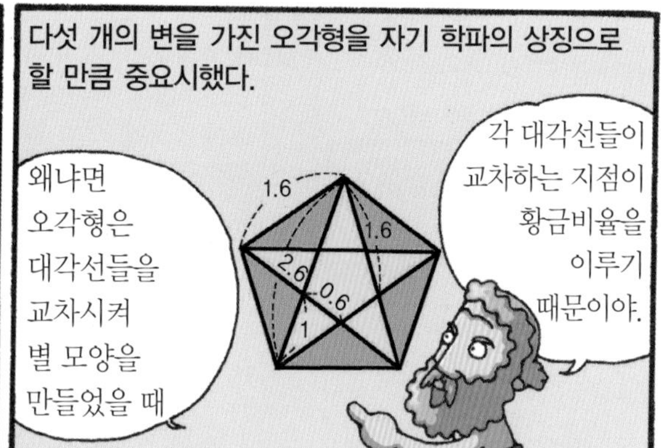

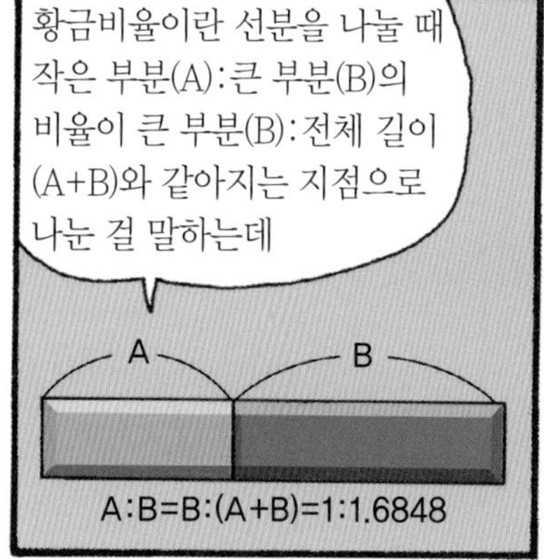

피타고라스 학파의 발견 중 가장
중요한 것은 피타고라스의 정리인데

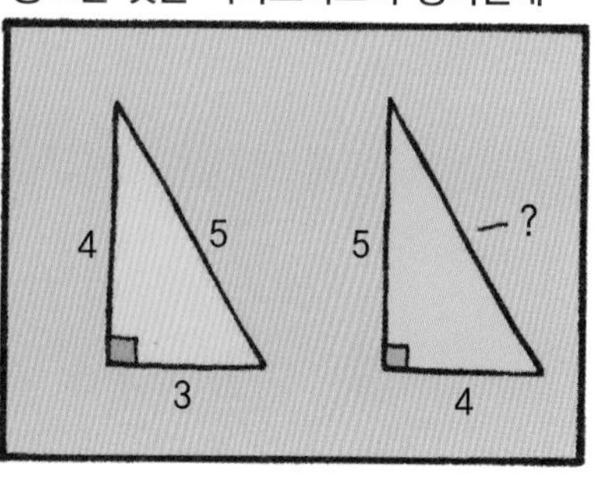

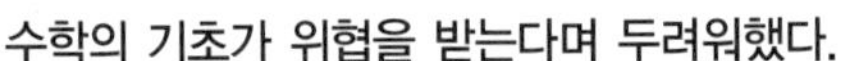

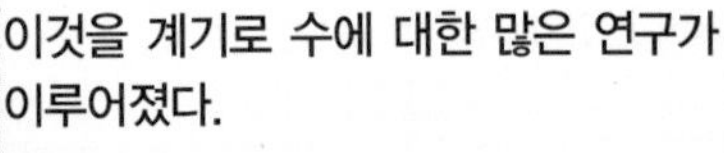

피타고라스 학파는 우주에도 수의 법칙을 적용했다.

그는 행성의 수를 열 개로 채우려고 '중심화'와 '대지구'를 생각해 냈다.

이 이론을 보면 우주의 중심에 '중심화'가 있고, 중심화와 지구 사이에 대지구라는 가상의 행성이 있다. 그리고 다른 행성들은 일주 속도에 따라 순서를 두고 배치했는데

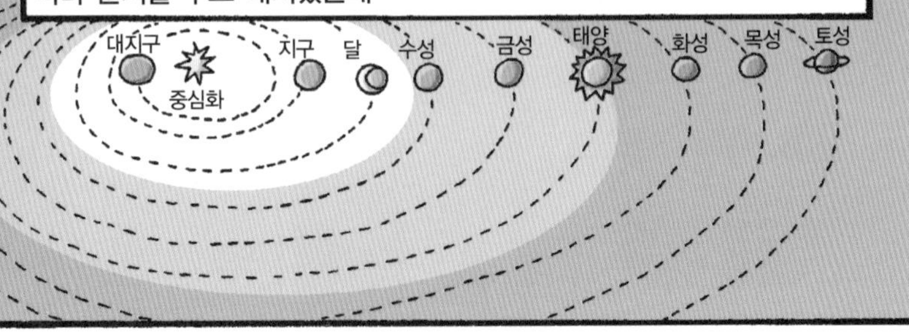

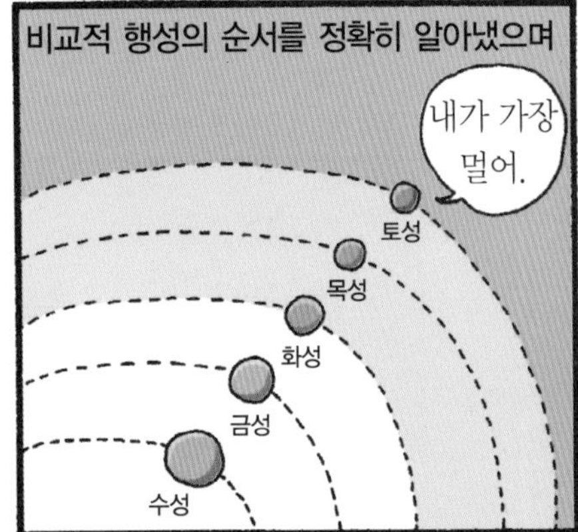

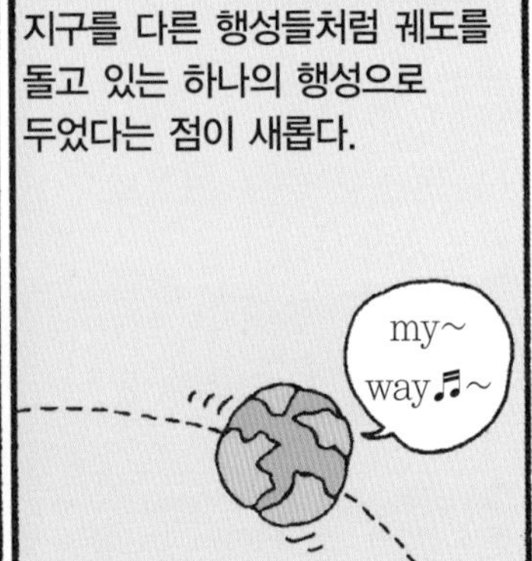

그러나 수와 조화에 대한 집요한 신념 때문에 행성의 궤도는 가장 단순한 곡선으로 정했고

천구의 운동을 음악으로 해석하거나

중심화와 대지구라는 복잡한 체계를 만들어 내는 바탕이 되었다.

대지구 이론은 필롤라오스가 만들었다고도 전해진다.

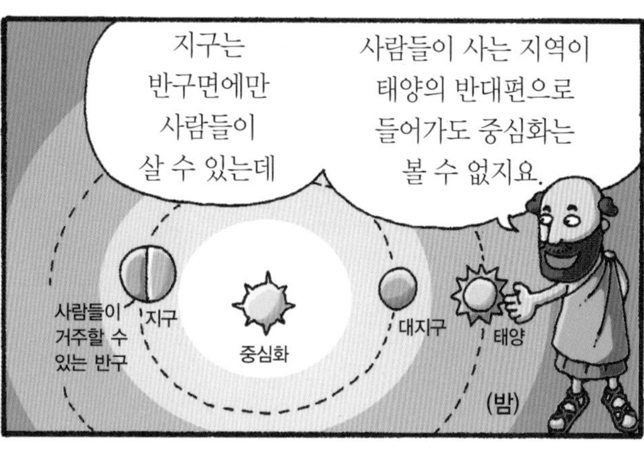

피타고라스 학파의 이론들은 신비로운 수에 대한 애정에서 비롯되었고

조금 억지스럽긴 했으나 수를 학문적으로 연구하도록 정착시키는 데 많은 기여를 했다.

그리스의 과학자들

소아시아의 클라조메네에서 태어나 20세에 아테네로 옮긴 아낙사고라스는

그전에 나왔던 이론들을 통일하기 위해 노력했다.

이 당시에는 화폐가 쓰였는데

화폐가 상업의 기초인 것처럼

과학 사상에서도 기본단위를 찾아내려고 애썼다.
우주엔 수없이 많은 입자가 있지.
그러나 그냥 있을 뿐이어서 우주는 움직이지도 변하지도 않고 있었는데
근원(씨앗 모양)

정신이 들어가서 입자를 소용돌이 치게 만들었고
뜨겁고 건조하며 희박한 물질은 바깥으로 밀려난다.
어둡고 무거우며 차가운 물질은 가라앉아 지구를 만든다.

입자가 떨어져 나갈 때의 마찰로 태양과 별들이 뜨거워졌지.
에고~ 어지러워
나도
태양(불타는 돌)
별

아낙사고라스의 생각은 '원자론'에 영향을 미친다.
원자론이란 사물의 기본 단위를
불이나 물 같은 개념이 아닌 실제적인 작은 단위로 보는 거죠.

이때 변화에 대해 근본적으로 반대하는 학자가 등장했는데
파르메니데스
(BC 515?~445?)

그는 사물의 본질을 증명하고자 했다.
증명할 수 있다는 것은 실제한다는 말이다.

따라서 모든 사물의 본질은 '존재'한다는 거지.
존재라는 것은 변하지 않고 영원하다!

물론 비존재를 생각해 볼 수는 있을 것이다.
그것은 아무것도 없는 것, 즉 '진공'이란 얘긴데…

진공이 어떻게 실제로 있을 수가 있나?
그러므로 사물의 본질은 '존재한다'는 데 있다!

또 하나! 진공과 함께 세상에 존재하지
않는 것으로는 운동이나 변화가 있지.
지금 하고 있는 건
운동 아닌가요?
아님
춤인가?
운동?
내가 언제?
내가 뭘?

좀 전에 분명히 이렇게
이렇게… 하고 있었잖아요.
그걸
증명할 수 있어?

어… 그건.
사진기로 사진을
찍는다 해도…
크으
분하다
이 시대에
사진기만
있었어도

이 사진들 어디에 내가
운동하고 있는 게 증명되겠냐?

이건 그냥 이런 동작을 취한
내 모습일 뿐이야.

여기서 증명할 수 있는 건 나라는
존재 하나뿐 운동이나 변화를
증명할 수는 없는 거라고.

따라서
변화란 없다!
없는데 뭐가 발생하겠어?
그러니까 우주의 근원을
변화로 설명할 수는 없다고.

우주는 예전에도 그랬고
앞으로도 그저 변함없이
계속된다는 것뿐이지.

그리고 제논이 등장한다.
다들 앨 주목하시라.
제논
(BC 490?~
430?)

얘는 원래
피타고라스 학파에
속해 있다가
나중에 내가 만든
엘레아 학파로 와서 내
제자 겸 친구가 됐지.
내가 주장한 변화하지 않는
우주관을 증명하기 위해
가설을 만들었다고.

그 가설이 어찌나 훌륭한지
사람들이 반박할 여지가 없었지.
고맙다
친구야
뭘….

제논의 가설 중 가장 유명한 것은 아킬레스와
거북이 이야기다.
난 빠르기로 소문난
아킬레스!
난…
거북이….

우리 둘이 달리기
시합을 한다면…
내가 거북이보다
100배는 빠르니까….

경기가 될 수
없지.
그런가?
그럼 이렇게 하면
어때?

아킬레스가 더 뒤쪽에서
출발하는 거야.
준비… 땅!
그럼 아킬레스가
아무리 빨리 달려도
거북이는 아킬레스의
$\frac{1}{100}$의 속도로
더 앞으로 갔다.

거북이는 아킬레스가 달린
거리보다 늘 앞선 위치에 있을
것이고
아킬레스가 아무리
빨리 달려도 거북이는
그 거리의 약 $\frac{1}{100}$만큼
계속 앞서 있다.

이 과정이 계속 반복되면
거리는 조금 좁혀지더라도
결코 0은 될 수 없지.
졌다!
결국 아킬레스는
영원히 거북이를
앞지를 수 없다.
와

또 분할 가설이라는 게 있는데… 어떤 물체가 목표 지점까지 도달하려면
우선 그 거리의 절반에 해당되는 지점을 통과해야 하잖아.
절반의 지점
그런데 그 절반 지점까지 가려면 또 그 절반의 절반 지점을 통과해야 해.
절반의 절반
절반
또 그 절반의 절반까지 가려면 그 지점까지의 절반 지점을 통과해야 하고….
절반의 절반의 절반…
절반의 절반
절반
이런 식으로 거리는 끝도 없이 절반 지점으로 쪼개지기 때문에
왜 안 와?
아무리 시간이 지나도 물체는 목표 지점에 도달할 수 없다는 얘기지. 아직 절반의 절반의 절반…에 다 못 갔거든.

또 제논은 화살의 역설이라는 것도 만들었는데
화살은 자신의 크기만 한 공간을 차지할 수 있을 뿐이지.

생각해 봐. 화살이 동시에 두 군데의 위치를 가질 수 있나? 절대 그럴 수 없지.
그러니 화살은 하나의 위치밖에 못 가진다는 얘기도 되고.

그래서 똑같은 크기의 공간을 차지하는 모든 것은 정지해 있지.

그런데 날아가고 있는 화살도 매 순간마다 똑같은 크기의 공간을 차지하므로

매 순간마다 화살은 움직이지 않고 정지해 있는 거지.
이렇게 모든 순간에 정지해 있는데 화살이 어떻게 날아가겠어? 날아가는 건 있을 수 없는 일이라고.

그러므로 운동이나 변화란 일어날 수 없어.
최고야!
나 잘했어 친구?

제논의 가설은 '역설'이라고도 부르는데, 말이 되는 듯 안 되는 듯 애매모호한 표현을 말하죠.

이 사람의 역설로 인해
많은 사상가들이
고생을 했는데요.
크흑, 틀리긴 틀렸는데
맞는 소리 같기도 하고
알 수가 없네.

여기 밤이 하나
있다고 해 봐.
이걸 떨어뜨리면
소리가 안 나지?
깐죽
깐죽

그러니 밤을 한 가마니
쏟는다고 무슨 소리가 나겠어?
소리 안 나는 밤들이
모여서 한 가마니가
된 것일 텐데….
근데 이렇게
소리가 나잖아.
이렇게 확실히 틀린 사실도
논리적으로는 맞는 것 같고….
와르르

그러다 보니 제논은
많은 사람들의
미움을 받게 되었지.
나 이거
해결하려다
화병났어
나도

그러다 왕한테까지 잘못 보여
처형당하고 말죠.
저놈을
당장

물론 제논은 죽는 순간에도
자신의 생각을 굽히지 않고
왕을 괴롭혔다고 하대요.

죽기 전에 정말 중대한 비밀이
있다며 왕을 가까이 오게 한 뒤
그래?
이건 귓속말로
해야해요

왕의 귀를 물어뜯었다는 애기도 있고요….
그냥은 못 죽어
아이고 나 죽네

또 왕에게 책을 한 권 준 뒤…
뭐가 있다는 거야 아무것도 안 써 있는데
그러지 말고 잘 읽어 보시오

게다가 종이들이 왜 이리 찰싹 붙어 있는 거야?
히히.
할짝

사실 그 책엔 독이 묻어 있지. 손에 침을 묻혀 가며 책을 넘겼으니…

너도 곧 독이 몸에 퍼져 죽게 될 거다!
뭐야? 으악!!
이렇게 왕에게 복수했다고도 하는데, 물론 사실인지는 확인할 수 없다네요.

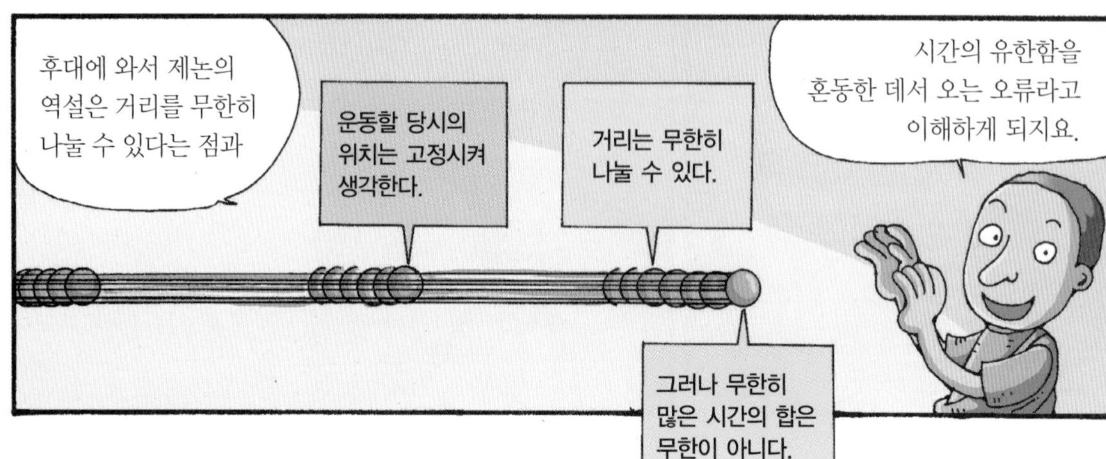
후대에 와서 제논의 역설은 거리를 무한히 나눌 수 있다는 점과
운동할 당시의 위치는 고정시켜 생각한다.
거리는 무한히 나눌 수 있다.
시간의 유한함을 혼동한 데서 오는 오류라고 이해하게 되지요.
그러나 무한히 많은 시간의 합은 무한이 아니다.

제논은 수의 연속성도 증명하려 했다.
피타고라스의 '직각삼각형의 정의'를 보면 약분이 안 되는 수가 나오죠.
6.4031242…
5
4
나는 이걸 약분할 수 없다는 것이 맘에 안 들어.

이것은 정수로 표현할 수 없는 수가 있다는 걸 의미하지요.
용서가 안 돼

아주아주 작은 수로 표현하면 가능하지 않을까?
응? 어떻게 생각해?

나야 시간이나 거리에서 하나의 단위와 다음 단위 사이의 무언가를 찾으려 했던 사람이잖아.
요 사이의, 또 사이의, 또 사이의…
1
2
3
4

그러니 난 딱 떨어지는 약분이란 힘들다고 생각해. 아무리 작은 단위로 나눠도 그 사이에는 뭔가 있거든.

이런 제논의 가설은 정수론과 기하학에 영향을 끼쳤고, 그리스 수학의 발전에 중요한 역할을 했다.
아무리 가까이 붙어 있어도 그 사이엔 간격이 있는데?
직선이 수많은 점들로 이뤄진 거라고? 말도 안 돼.

파르메니데스와 제논의 이론은 자기 완결성은 있으나 변화에 대한 가능성을 배제하여

많은 학자들에게 궁금증을 채워 주지는 못했다.
뭐랄까? 하여튼 뭔가 이상해….

그러던 중 원자론이라는 하나의 길을 제시했다.
원자론

원자론은 레우키포스와 데모크리토스에 의해 탄생했다.
사제 콤비지…
사부님…
레우키포스 (BC ?~?)
데모크리토스 (BC 460?~370?)

원자론은 이 세상에 원자와 빈 공간만 있다고 보는 데서 출발한다.
완전히 비어 있는 공간
떠다니는 원자의 덩어리

원자는 실체를 가진 물질이고, 그 수와 형태는 무한히 많지요.
대부분은 너무 작아서 볼 수 없어요.

원자들은 잘라지거나 나눌 수 없고요.
모든 원자들은 빈 공간 속에서 끊임없이 운동을 한답니다.

원자들은 서로 결합하여 만물을 구성하는데
물질이 서로 다른 건 원자의 형태나 배열 방식이 다르기 때문이죠.
이건 강강수월래식 결합
이건 탱고식 결합

원자들이 합치면 밀도가 높고 단단한 물건이 되고
우리 떨어지지 말자!
거리가 멀 땐 부드러운 물질이 됩니다.
원자들은 일단 어떤 물체의 일부분이 된 후에도 운동을 계속하지요.
왜 이렇게 좁아!
안 돼
난 저쪽으로 갈래-
단지 혼자였을 때보다 운동이 조금 덜 활발할 뿐이죠.
랄라라

원자론은 많은 부분을
설명할 수 있었다.
예를 들어 맛보기, 냄새 맡기, 보고 듣는 것 등은 모두 원자들이 움직여서 나온 결과죠.

맛의 원자
직녀님
견우님
입의 원자

불과 사람의 영혼은 모두 원자로
이루어져 있으며
나야, 나!

신체에 온기를 일으키고, 그 온기가 온몸을
돌게 하는 역할을 한다.
이 온기가 바로 생명력이죠.

사람이 죽으면 영혼의 원자들은 육체에서 분리되어 나오는데
아이고~.
영혼이 분리되는 데 시간이 걸리므로 시체의 머리털과 손톱은 얼마 동안 계속 자란다.

영혼의 원자는 흩어지고 나면 아무것도
남지 않으므로 사후 세계란 없다.
우째 이런 일이….

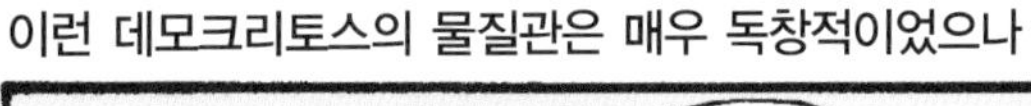
이런 데모크리토스의 물질관은 매우 독창적이었으나

정신
형태가 없으니 그리기 힘들어!
물질

그리스 과학에서는 무시당했고
ㅋㅋ
….
….
….
그리스 과학은 사색하는 게 더 중요했죠.

19세기에 이르러서야 원자론은 다시 주목받았다.
그러나 데모크리토스의 원자론과 근대 원자론은 다르지요.
근대 원자론은 정확한 측정과 화학 분석에 기초하지만, 데모크리토스는 상상력에 의지했으니까요.

모든 물질은 4원소의 결합이나
분리에 의해 만들어지는데

거기에 사지와 기관들이 만들어졌고,
그것들이 모두 모였다.

그는 또한 의사로서

엠페도클레스가 만든 학파는 사람의 몸속과 공기의 중요성을 강조했다.

그 밖에 그리스 의학엔 피타고라스의 주치의였던 알크마이온이 이끄는 학파가 있었고

그리스 의학을 시작한 이는 아스클레피오스라고 전해지는데 처음에는 인간으로 등장하다가

주로 아스클레피오스 신전에서 치료가 행해졌다.

당시 그리스 의학은 뼈에 대해서는
알고 있었지만 장기에 대해서는
잘 몰랐기 때문에

소박한 관찰을 통해 생각해 낸
개념이었다.

흐음. 체액은 인체에 아주 중요하구나. 종류는 몇 가지나 될까?

이 체액론은 엠페도클레스의 4원소의 성질을 받아들여
4체액론으로 발전한다.

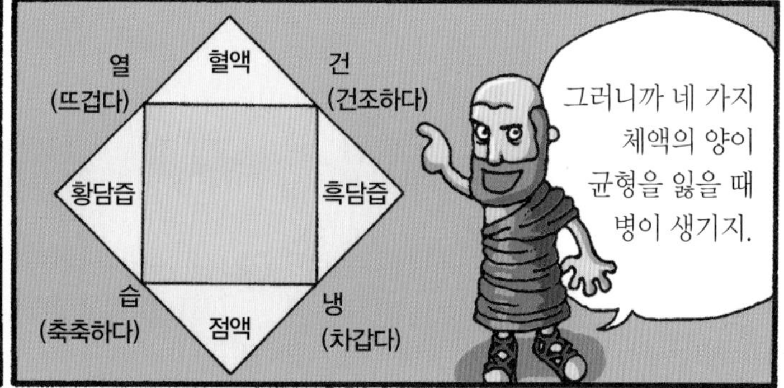

안 돼, 안 돼! 같은 열병 환자라도 환자마다 증상이 다른데 무조건 남들 말대로 하면 어떡하나?

이러한 히포크라테스의 경험에 의한 치료는 당시 지나치게 이론 쪽으로 흐르던 철학이나 미신에서 의학을 분리해 내는 데 큰 공을 세웠다.

한편 자연철학의 경우 플라톤이 엠페도클레스를 이어받아 쇠퇴해 가던 맥을 잇는다.

그는 아테네 귀족 출신으로 정치를 하려 했다가

펠로폰네소스 전쟁 이후 어지러운 상황에서

스승인 소크라테스가 사형당한 후 학문만 탐구하기로 결심한다.

스승님~~.

플라톤의 스승이던 소크라테스는 그리스의 철학자로서 이름 높은데

가난하고 겸손한 것을 덕으로 삼았다.

소크라테스는 당시의 학자들을 대놓고 반대하여 많은 적을 만들었다.

그는 청년들을 타락시킨다는 죄목으로 독약으로 사형당하고 만다.

소크라테스는 과학자가 아니었다. 오히려 그는 과학자들이 자연의 근원을 찾으려는 데 반대했다.

그가 만든 논리 문답법은 그리스 과학이 관찰보다는 추상적인 이론만을 중시하는 결과를 낳았다.

스승이 죽은 뒤 정치를 단념한 플라톤은

아테네 서쪽 변두리에 작은 땅을 사서 학교를 만들었다.

플라톤은 신전과 식당, 올리브 숲이 있는 아카데미에서 제자들을 가르쳤다.

그러나 이 꽃이 시들어 안 보이게 된다고 해서 '꽃'이 없어졌다고 얘기할 수는 없다.

그래서 우리는 이렇게 구분 지을 수 있단다. 꽃이라는 근본적인 무언가가 있고, 그 근본적인 것의 그림자인 우리가 보는 꽃들이 있다고….

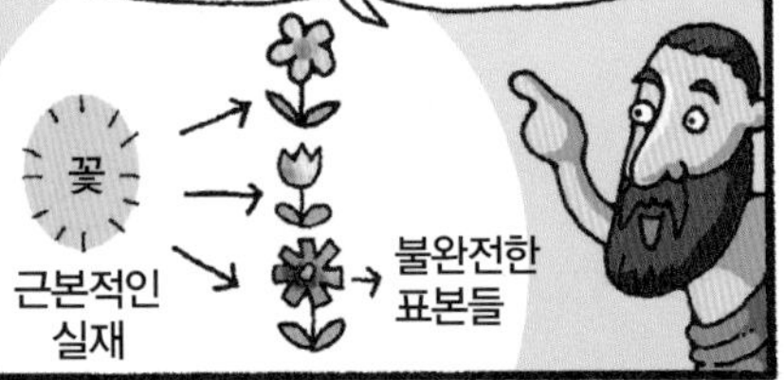

이러한 이데아론을 바탕으로 플라톤이 가장 사랑했던 학문은 수학이었다.

플라톤의 수학은 피타고라스 학파의 영향을 많이 받아 새로운 발견은 없지만

수학의 기본개념을 확실히 정리함으로써 실용 수학과 분리했다.

플라톤에게 수학은 논리적인 훈련을 하기 위한 기초 수단으로서

그가 얼마나 수학을 중시했는지는 아래 이야기에서 엿볼 수 있다.

플라톤은 기하학의 연장으로 천문학을 풀이하려 했다.

그래서 완전히 기하학적인 모습의 천체를 생각해 냈다.

플라톤의 우주관도 피타고라스 학파로부터 많은 영향을 받았고

4원소론을 지지했다.

플라톤이 생각해 낸 대우주와 소우주론은

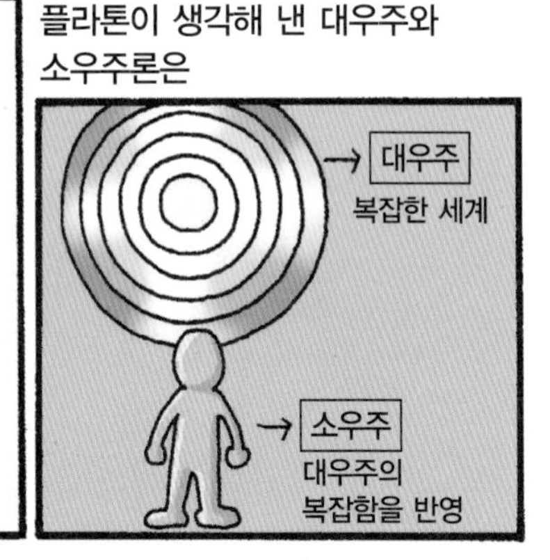

중세 유럽 인들에게 많은 영향을 끼쳤으나

관측과 실험을 무시해서 16세기까지 과학이 더디게 발전하는 데 결정적 역할을 했다.

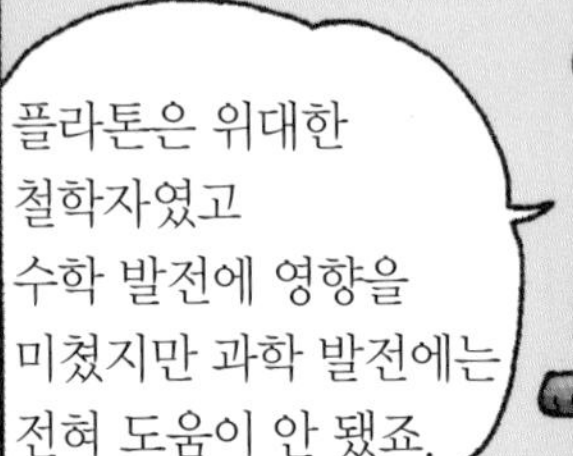

그리고 이제 플라톤의 제자들이 나타난다.

에우독소스는 이오니아의 쿠니도스에서 태어났고, 기하학과 의학을 배웠다.

에우독소스는 똑똑했지만 가난해서 학비를
내지 않고 아카데미를 다녔고

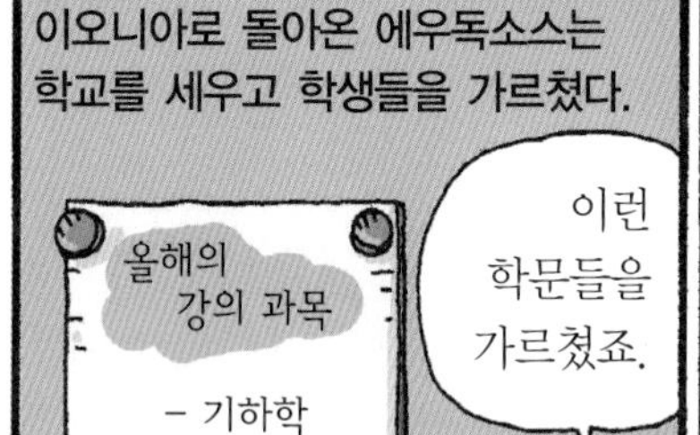

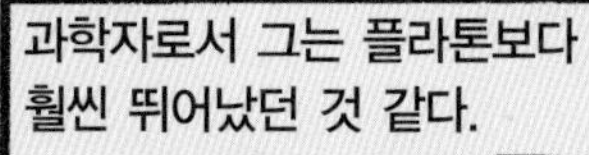

그는 원뿔이나 구와 같은 입체의 부피를
계산하기 위해서 입체를 끝없이 작은
부분으로 나눠 그것들의 부피를 계산한 후

이 과정에서 그는 무한히 작은 부분으로
자른다는 것의 정확한 의미가 무엇인지
결정해야 했고, 그러다가…

그것을 천문학에 적용한다.

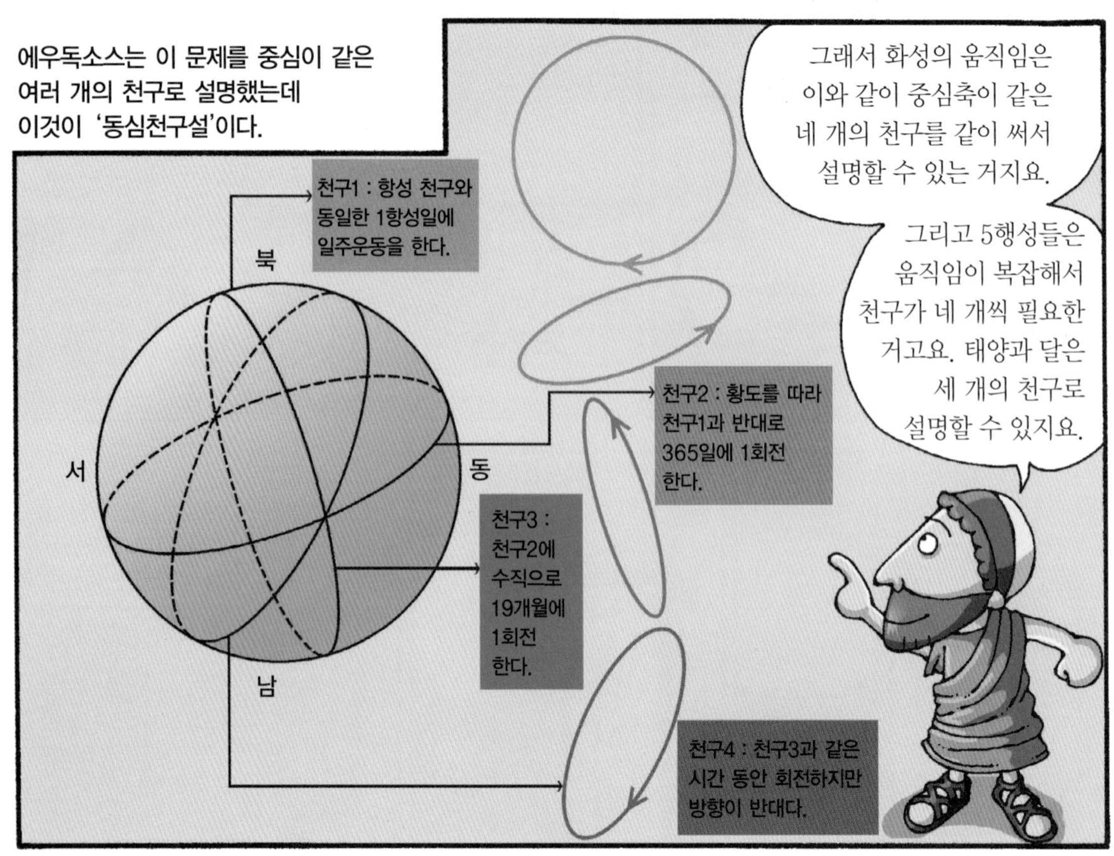

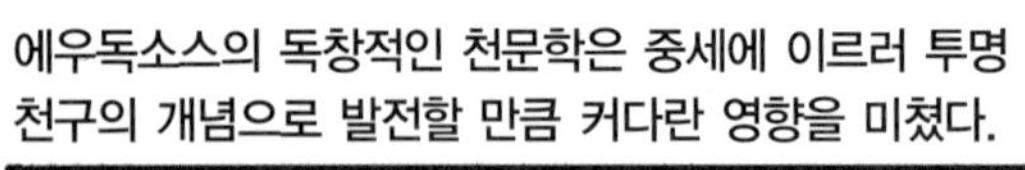

아리스토텔레스는 마케도니아 궁정 의사 집에서
태어나 17세에 플라톤의 아카데미에 입학했는데

그러고 나서 나중에 알렉산더 대왕이 되는 소년 알렉산더의 스승이 되었다.

당시 세계를 정복한 알렉산더 대왕이 직접 물품들을 수집해 주었고, 비용도 대 주었다고 한다.

아리스토텔레스는 스승인 플라톤의 사상에서 독립해 자연계에 관심을 가졌다.

우선 그 생물이 얼마나 복잡한가에 따라 나눴지.
가령 내가 길에서 여우와 뱀을 마주쳤다면

이렇게 되면… 보다 가
(알)
(새끼)
더 복잡하므로
복잡
왜 이러세요! 우린 친구란 말예요.
자, 여우는 복잡한 생물 쪽으로, 뱀 너는 단순한 생물 쪽으로 가!
단순

잠시 검문 있겠습니다. 소속과 태어난 방법을 말씀해 주십시오.
난 파충류, 알에서 태어났죠.
난 포유류, 엄마한테서 새끼로 태어났죠.

이렇게 나눈 동물들은 이제 영혼이 얼마나 완전한 가에 따라 4단계로 나눌 수 있지.
인간은 '영양 영혼', '감각 영혼'말고 '이성 영혼' 도 갖고 있어서 논리적인 사고를 할 수 있지.
즉 인간의 영혼 활동이 가장 완전하다는 얘기지.
인류
포유류
고래류
파충류와 어류
문어와 오징어류
곤충
고등 식물
하등 식물
무생물
동물들은 '영양 영혼'과 '감각 영혼'을 가지고 있어서 운동하고 감각을 느낄 수 있고.
우린 '영양 영혼'만을 가지고 있대요. 그래서 영양을 섭취하고 번식하지요.
왜 나만 영혼이 없지? 나만 미워해….

그는 동물의 변화는 인정했으나

낮은 단계에서 높은 단계로의 진화는 인정하지 않았으므로

완전한 진화론자라고 할 수 없다.

또한 아리스토텔레스는 540여 종의 동물을 표로 정리했다.

이 분류는 매우 논리적이어서 18세기까지도 많이 쓰였다.

유혈 동물(붉은 피가 나며 태생 또는 난생하는 것)=척추 동물			
1. 태생(어미 뱃속에서 어느 정도 자란 뒤에 태어나는 것)		2. 난생 또는 난태생(알의 형태로 태어나 어미의 몸 밖에서 부화하는 것)	
인간		조류	가)발톱이 있는 새 예)독수리
고래류			나)물갈퀴가 있는 새 예)오리
태생의 사족류(발이 네 개인 동물)	가)아래턱에 앞니가 있고 발톱이 벌어지는 동물 예)여우, 고양이		다)비둘기 등
			라)제비 등
			마)기타 조류
		난생의 사족류	양서류와 대부분의 파충류
	나)발톱이 하나인 동물 ①말류 ②그 밖에 발톱이 한 개인 동물 예)사슴	뱀류	난태생(알로도 태어나고 새끼로도 태어나는 것)
		어류	가)상어·아구류 연골어류
			나)기타 어류

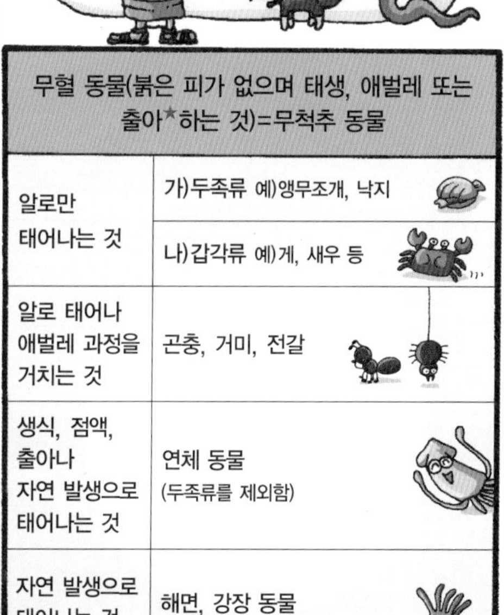

무혈 동물(붉은 피가 없으며 태생, 애벌레 또는 출아★하는 것)=무척추 동물	
알로만 태어나는 것	가)두족류 예)앵무조개, 낙지
	나)갑각류 예)게, 새우 등
알로 태어나 애벌레 과정을 거치는 것	곤충, 거미, 전갈
생식, 점액, 출아나 자연 발생으로 태어나는 것	연체 동물 (두족류를 제외함)
자연 발생으로 태어나는 것	해면, 강장 동물

★출아-식물이나 단세포 동물 등의 몸에 작은 돌기가 나와 생식하는 것.

생물학 분야에서 아리스토텔레스는
위대한 업적을 남겼다.

그러나 그의 연구는 동물학에만 치우쳐서

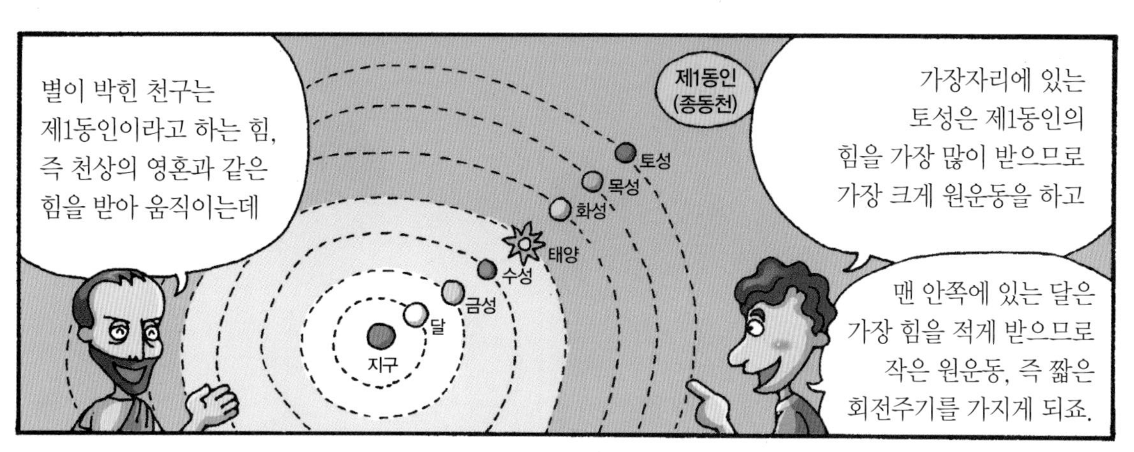

별이 박힌 천구는
제1동인이라고 하는 힘,
즉 천상의 영혼과 같은
힘을 받아 움직이는데
제1동인
(종동천)
토성
목성
화성
태양
수성
금성
달
지구
가장자리에 있는
토성은 제1동인의
힘을 가장 많이 받으므로
가장 크게 원운동을 하고
맨 안쪽에 있는 달은
가장 힘을 적게 받으므로
작은 원운동, 즉 짧은
회전주기를 가지게 되죠.

4원소로 이루어진
지상의 것들은
만들어지고 없어지는데
하늘의 천체들은 몇 백 년이
지나도 그대로니까

천상계는 지구와는 다른 구성
물질, 즉 에테르라는
제5원소로 만들어져 있고
천상….
에테르
에테르
에테르
에테르
에테르

아주 신성하고 변함없는,
영원한 원운동을 할 뿐이죠.

그러니까 유성이나
혜성 같은 현상들은
변화가 일어나지만,
달 아래 세계의
일이라서
천문학이 아니라
구름이나 서리를
연구하는 기상학에
포함시켜 연구를
했지요.

아리스토텔레스 선생님은
모든 변화 과정의 원인을
네 개로 나누었죠.

먼저, 여기 진흙이 있다고
합시다. 이 진흙은 지금부터
만들 그릇의 재료가 되는
'질료인'이지요.
어떤 사람이 진흙을 보고 그릇을
만들겠다고 생각한다면 그 생각은
그릇에 모양을 주는 원인, 즉
'형상인'인 거고요.
이 좋을까?
아니면
이런 모양?

그리고 사람이 그릇을 만드는 행동은 '동력인'.
그 그릇을 만들려는 의도는 '목적인'인 거지요.

우리 선생님은 모든 자연현상에 이런 네 가지가 작용한다고 본 거지요.
아, 여기 강아지가 있네요.

이 강아지가 어떻게 태어났을까? 정답은 바로 이것!
암컷의 난자 (질료인)
수컷의 정자 (형상인, 목적인)
탄생 (동력인)
그렇지! 자연이 만들어지는 데는 모두 목적이 있지.
자연을 이해하려면 그 목적에 다가가야 하는 거야.

그리고 몸의 각 부분도 다 목적이 있어서 필요하지요.
뇌 : 피를 차게 식히기 위해
심장 : 열의 근원이 되기 위해
간장 : 음식물의 조리를 위해
…….

녀석, 공부 열심히 했구나!
나 예뻐요?

그럼 이제 응용문제를 풀어 보자꾸나.
물은 왜 아래로 흐르고, 불꽃은 왜 위로 솟을까?

그건…, 물은 아래로 향하려는 목적이 있기 때문에….
좀 더 자세하게! 4원소는 원래 어떻게 자리 잡았지?

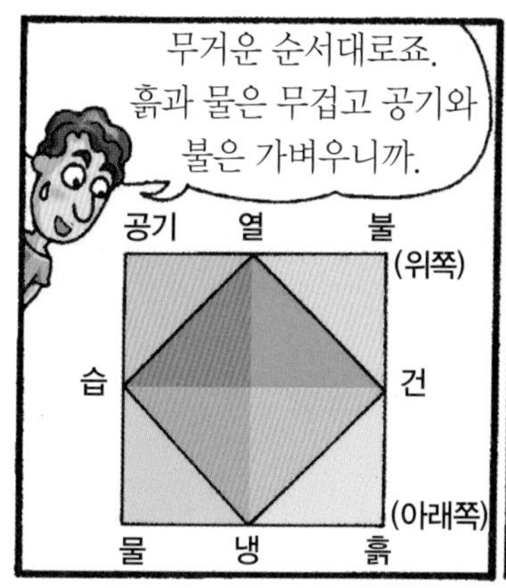
무거운 순서대로죠. 흙과 물은 무겁고 공기와 불은 가벼우니까.
공기
열
불
(위쪽)
습
건
(아래쪽)
물
냉
흙

물은 자연의 장소가 아래쪽이기 때문에
그게 바로 본성에 맞는 자연의 장소라는 거지.

물은 아래로 흐른다. 불꽃은 자연의 장소가 위쪽이므로 위로 올라가고
위로 가자!
난 아래로!

물체가 자연의 장소에 있으면 안정되어서 정지 상태를 계속 유지하지만
다른 상태에 있으면 본성을 만족하기 위해 움직이게 되는 거지.
자, 알았으면 너도 빨리 자연의 위치로 돌아가.

네? 어디로요?
네 책상 앞으로 말이야. 아직 한참은 더 공부해야 하는 녀석이!

쳇! 사실 말이죠.
이겼다!

우리 선생님은 위대하긴 하지만
아래 있는 것이 위에 있는 것에 복종해야 한다는 생각이 너무 강해서
가끔은 과학적이지 못할 때가 있었지요.

따닥-

내가 흉 좀 봤다고 이럴 수 있어요?!
무슨 소리야? 난 물체의 강제 운동에 대해 시범을 보인 것뿐인데.

강제 운동?
하필 내가 지나가는
자리로…?
글쎄? 우연이겠지.
그것보다 이것 보라고.
물체에 힘을 주면 영향이
미치다가 그 힘이
점점 약해지고…

그러다 힘이 사라지면
자연 운동의 힘을 받아
직선으로 떨어지게 되지.

물체의
운동 속도는
무게에
비례하고
무거운것도
서러운데
빨리
떨어지다니
꿀

공기의 밀도에
반비례하지.
숨막혀
공기가
희박하면 빨리
떨어지지요.

만약 공기의 밀도가
0이 되면 방해받는 것이
없으니까 물체의 운동
속도는 무제한이지.
누가 나 좀
말려 줘요!

그러나 무한한 속도란
있을 수 없어.
공기의 밀도가
제로인 상태,
즉 진공이란 있을 수
없다는 얘기지.
즉 자연은
진공을
싫어한다.

그런데 왜 아직
책상에 앉지 않았나?
내가 밤낮으로
연구하는 게
안 보이나?
알았어요.
가면 되잖아요.
놀지 말고
공부해~

사실… 아리스토텔레스
선생님의 이론은
그리스 시대에는
별로 영향력이
없었어요.

그러다가 12~13세기
유럽에 기독교의
세력이 강해지면서
기독교의
권위를 증명하는
수단으로
쓰기 좋아서
과학의
발달에
걸림돌이
되기도 했죠.
믿습니다

아리스토텔레스가 죽은 뒤 리케이온을 맡아
이끌어 간 테오프라스토스는

최소한 세 가지 분야에서 새로운 학문을 개척해 낸다.

그중 가장 뛰어난 분야는 식물학으로, 직접 수집하거나 얻은 정보를 이용해 대서양에서 지중해와 인도까지 550종의 식물과 변종을 연구했으며

테오프라스토스는 식물을 네 가지로 분류했으며

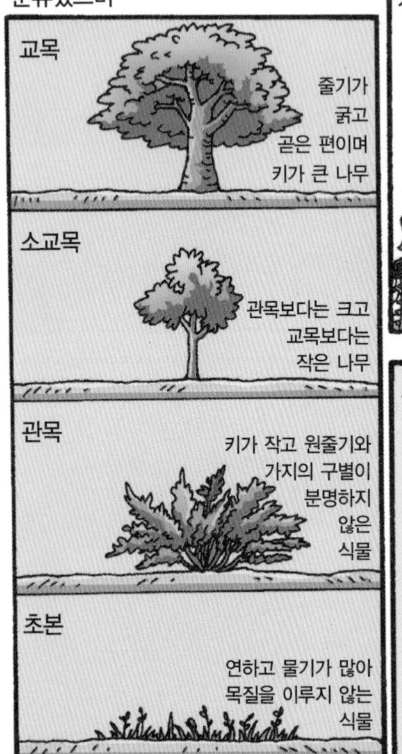

테오프라스토스는 스승의 연구 방식보다는
영혼의 목적에 의해 이런 현상이 나타난다.
잠깐만요, 스승님.

과학적 관찰을 더 중요하게 여겼다.
그렇게 따져서는 놓치기 쉬운 특징들이 많다고요.
결론부터 내기보다는 특징들을 최대한 수집하는 게 좋지 않을까요?

다시 말해 증거가 불충분한 경우 결론을 내리지 않는 객관적 연구를 한 것이다.
헤헤
과학사
식물의 특징
광물의 특징

다 끝났는데 왜 퇴장 안 시켜 주지?
과학사
식물의 특징
광물의 특징

이봐, 네가 그리스 과학에 대해 정리해 봐.
내가?

그래, 네가! 그리스 과학자들에 대해 잘 알잖아.
그럴까?
보시락 보시락
그리스 과학사

먼저 그리스 학문의 특징은
복잡한 현상을 간단하게 설명하려 애썼답니다. 이것은 과학의 기본자세이기도 하고요.
저건 말야 이렇고 저렇고 해서 말야……

이런 자세는 수학과 기하학을 발전시켰지요.
우주의 법칙 = 수학의 법칙

숫자가 없던 그리스는 24개의 알파벳 위에 선을 하나씩 그어서 사용했지요.
$\overline{\alpha}$=1 $\overline{\iota}$=10 $\overline{\rho}$=100
$\overline{\beta}$=2 $\overline{\kappa}$=20 $\overline{\sigma}$=200
$\overline{\gamma}$=3 $\overline{\lambda}$=30 $\overline{\tau}$=300
$\overline{\delta}$=4 $\overline{\mu}$=40 $\overline{\upsilon}$=400
$\overline{\varepsilon}$=5 $\overline{\nu}$=50 $\overline{\varphi}$=500
$\overline{\varsigma}$=6 $\overline{\xi}$=60 $\overline{\chi}$=600
$\overline{\zeta}$=7 $\overline{o}$=70 $\overline{\psi}$=700
$\overline{\eta}$=8 $\overline{\pi}$=80 $\overline{\omega}$=800
$\overline{\theta}$=9 $\overline{\text{Ϙ}}$=90 $\overline{\text{ϡ}}$=900

이렇게 불편한데도 수학이 많이 발전했죠.
실용적인 계산은 하나도 발전하지 않았어!
수나 도형의 본질만 연구 했으니까.
수학

그래요. 실용적인 계산은 손으로 하는 것이라 해서 좀 무시했죠.
그리스는 과학과 철학의 시대였지만 노예 제도 때문에
…
…

손으로 하는 것을 천시해서 기술은 좀처럼 발달하지 않았죠.
그래도 군선이 있었고
우선 속도가 빨라야 하니까
돛에 의존!
2단 노에 의존!

옷감을 짜는 '방적기'가 있었고

자주조개라는 조개에서 얻은 염료로 염색을 했으며

올리브 기름을 짜는 '들보 압착기' 정도가 남아 있을 뿐이죠.

어쨌건 그리스는 정신의 시대였죠. 과학 정신이 생겨났고
철학과 민주정치가 꽃 핀 시대로 서양 사람들에게 세계관의 토대를 마련해 준 위대한 문명이었지요.
우악 어떡해
공부 좀 해라!
비나이다

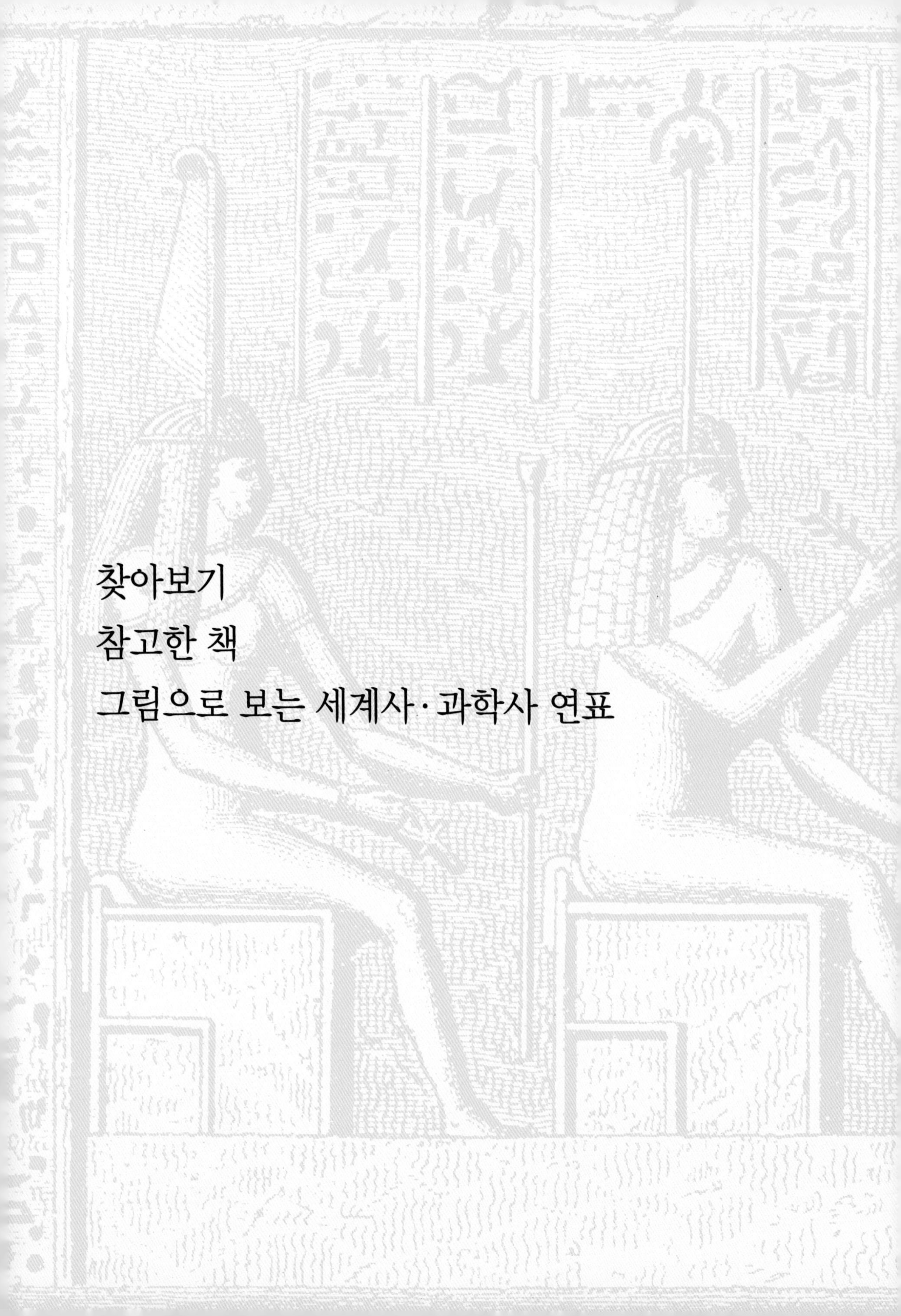

찾아보기

참고한 책

그림으로 보는 세계사·과학사 연표

지금부터
이 책의 작가들이
도움받은 책을
소개하겠습니다.

그냥 늘어놓자니
정신이 없어서
몇 가지로 나눠
분류해 봤습니다.

더 많은 정보를
얻고 싶으면
찾아보세요.
우선은 과학사를 다룬
책들입니다.

세계과학문명사 1, 2
콜린 A. 로넌 지음
김동광 · 권복규 옮김 / 한길사
자료로 쓴 과학문명사 책 중에선
분류와 흐름이 가장 좋았습니다.

과학의 역사 1, 2, 3
J.D 버날 지음
김상민 옮김 / 한울 출판사
조금 어렵지만 성실하게
과학의 역사를 다룬 책입니다.

과학의 역사 1, 2
스티븐 에프 메이슨 지음
박성래 옮김 / 까치글방
이 책도 조금 어렵습니다.
하지만 다른 책들과 비교하면서 보기에
좋았지요.

청소년이 꼭 알아야 할 과학문명의 역사 1, 2
히라타 유타카 지음
이면우 옮김 / 서해문집
그림 자료가 많아서 좋고
내용도 매우 잘 정리된
책입니다.

인류의 진보와 지식의 역사 1, 2
찰스 반 도렌 지음
홍미경 옮김 / 고려문화사
과학의 역사라기보다는 좀 더
광범위한 내용이긴 하지만
사람들의 생각의 발전을
뒤쫓을 수 있답니다.

사람이 알아야 할 모든 것 – 과학
존 그리빈 지음
강윤재 · 김옥진 옮김 / 들녘
중세 이후의 과학사에 대해
꼼꼼하고 재미있게
다룬 책입니다.

과학의 역사
허버트 버터필드 지음
이정석 옮김 / 다문
몇 가지 논문 위주로 되어 있는데
관점이 독특했습니다.

쉽고 재미있는 과학의 역사
에릭 뉴트 지음
이민웅 옮김 / 끌리오
정말 쉽게 과학사를 풀어낸 책이죠.
그 대신 간단하기도 합니다!

재미있는 과학 이야기
박성래 지음 / 서해문집
이 책도 쉬워서
중학생들이 읽어도
좋을 듯하네요.

과학문명사
권석봉 · 고경신 · 이종권 지음
중앙대학교 출판부
대학 교재이니만큼
사전 공부가 필요한
책입니다.

이 외에도
여러 책에서
참고를 했으니
다른 책들도
더 찾아보세요.

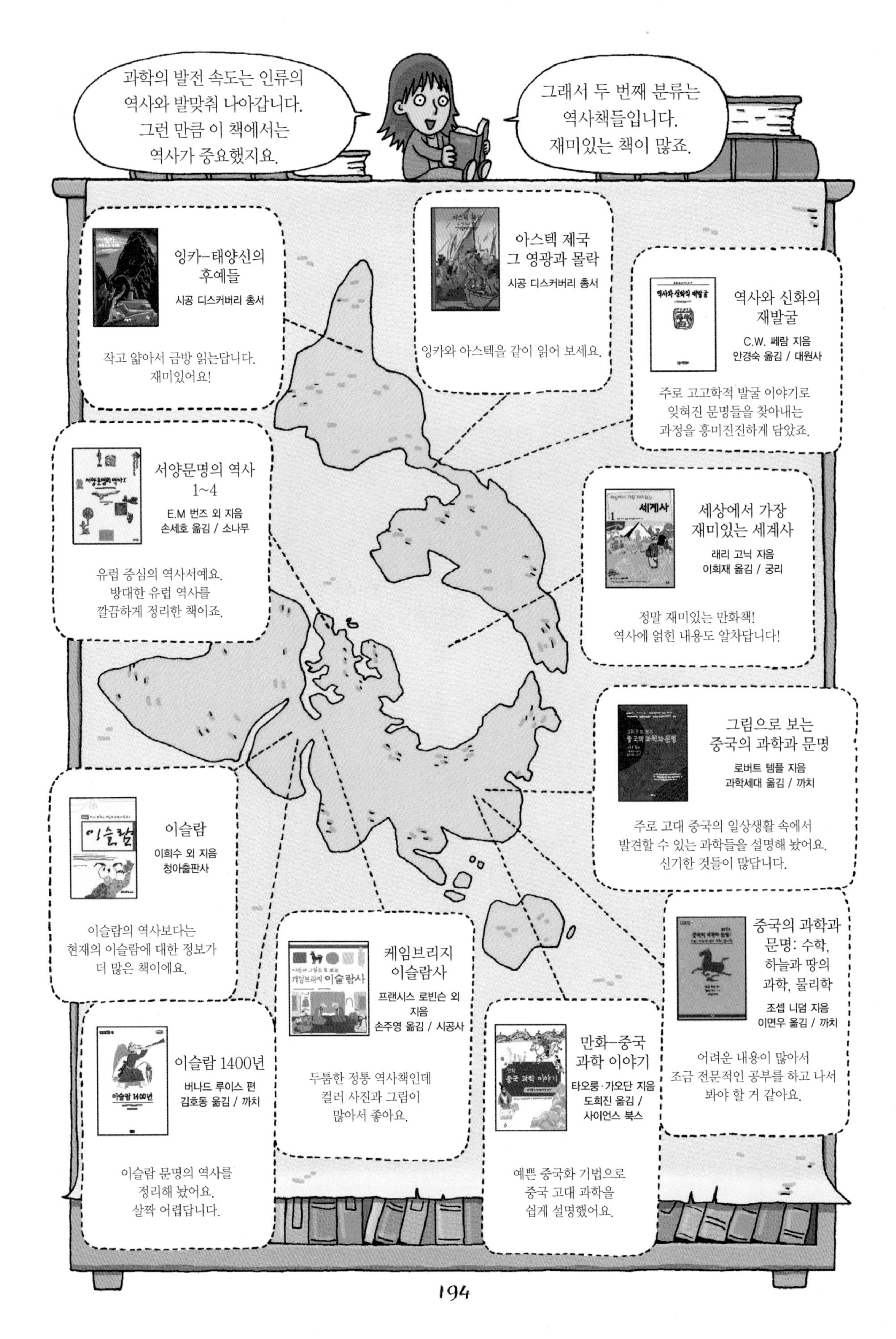

과학의 발전 속도는 인류의 역사와 발맞춰 나아갑니다. 그런 만큼 이 책에서는 역사가 중요했지요.
그래서 두 번째 분류는 역사책들입니다. 재미있는 책이 많죠.
잉카-태양신의 후예들
시공 디스커버리 총서
작고 얇아서 금방 읽는답니다. 재미있어요!
아스텍 제국 그 영광과 몰락
시공 디스커버리 총서
잉카와 아스텍을 같이 읽어 보세요.
역사와 신화의 재발굴
C.W. 쎄람 지음
안경숙 옮김 / 대원사
주로 고고학적 발굴 이야기로 잊혀진 문명들을 찾아내는 과정을 흥미진진하게 담았죠.
서양문명의 역사 1~4
E.M 번즈 외 지음
손세호 옮김 / 소나무
유럽 중심의 역사서예요. 방대한 유럽 역사를 깔끔하게 정리한 책이죠.
세상에서 가장 재미있는 세계사
래리 고닉 지음
이희재 옮김 / 궁리
정말 재미있는 만화책! 역사에 얽힌 내용도 알차답니다!
그림으로 보는 중국의 과학과 문명
로버트 템플 지음
과학세대 옮김 / 까치
주로 고대 중국의 일상생활 속에서 발견할 수 있는 과학들을 설명해 놨어요. 신기한 것들이 많답니다.
이슬람
이희수 외 지음
청아출판사
이슬람의 역사보다는 현재의 이슬람에 대한 정보가 더 많은 책이에요.
케임브리지 이슬람사
프랜시스 로빈슨 외 지음
손주영 옮김 / 시공사
두툼한 정통 역사책인데 컬러 사진과 그림이 많아서 좋아요.
중국의 과학과 문명: 수학, 하늘과 땅의 과학, 물리학
조셉 니덤 지음
이면우 옮김 / 까치
어려운 내용이 많아서 조금 전문적인 공부를 하고 나서 봐야 할 거 같아요.
이슬람 1400년
버나드 루이스 편
김호동 옮김 / 까치
이슬람 문명의 역사를 정리해 놨어요. 살짝 어렵답니다.
만화-중국 과학 이야기
타오룽·가오단 지음
도희진 옮김 / 사이언스 북스
예쁜 중국화 기법으로 중국 고대 과학을 쉽게 설명했어요.

세 번째 분류는
개별적인 정보를
얻기 위해 참고한
책들입니다.
페이퍼 로드
진순신 지음
조형균 옮김 / 예담
동서 교역의 중요한 계기였던
종이에 대한 내용이죠.
재미있어요.
거의 모든 것의 역사
빌 브라이슨 지음
이덕환 옮김 / 까치
다양한 과학의 이모저모.
만화경 같은 과학의 모습을 보세요.
신화 속으로 떠나는 언어여행
아이작 아시모프 지음
김대웅 옮김 / 웅진
서양 언어와 학문에서 신화가
어떻게 활용되고 있는지 알려 준답니다.
먹거리의 역사
마귈론 투생 사마 지음
이덕환 옮김 / 까치
먹을거리 덕분에 때론 역사가 바뀌기도 한답니다.
놀라운 사실이죠?
피타고라스의 바지
마거릿 버트하임 지음
최애리 옮김 / 사이언스 북스
과학사에서 소외되었던
여성학자들에 대한 얘기예요.
하늘의 과학사
나카야마 시게루 지음
김향 옮김 / 가람기획
짧게 쓴 천문학의 역사예요.
재미있는 인류 과학이야기
화학편
A. 서트클리프 지음
황국산 옮김 / 예문당
화학 분야에서의 단편적인 지식들을
모아 놓은 책입니다.

참! 만화다 보니
그림 참고한
책들도 많아서
소개하지 않을 수가
없군요.

비주얼 박물관 60권
웅진출판사

오래된 소품이나 의상들을
사진과 그림으로 편집한 책으로
참고가 많이 되었습니다.
아이들이 보기에도 재미있어요!

거인의 어깨 20권
아이세움

이 시리즈 역시
자세한 사진과 그림으로 도움을
많이 받았지요.

디키 해외 여행 시리즈
**가자, 세계로
독일편, 영국편…**

사진들은 좀 작지만
오래된 건축물을 그릴 때
주로 참고했지요.

서양 건축 이야기
빌 리제베로 지음
오덕성 옮김 / 한길아트

그림 위주라기보다 이론책이지만
책 안의 건물 그림이 훌륭합니다.
더 많은 그림이 없는 것이 아쉬워요.

**A PICTORIAL HISTORY
OF COSTUME**

서양 의복을 그릴 때
주로 참고한 책입니다.
이 책은 입체적인 그림이 좋지요.

**RACINETS FULL-COLOR
PICTORIAL HISTORY OF
WESTERN COSTUME**

이 책도 훌륭하지요.
950년부터 1800년대까지의
명화에 나와 있는 복식을 모은 책.

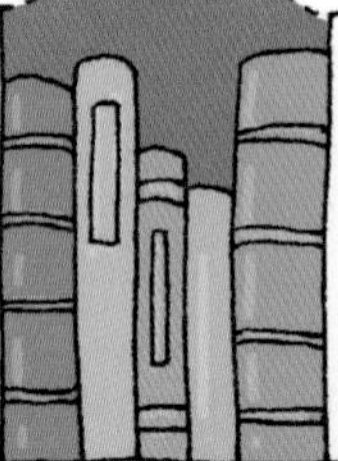

또 헤아릴 수 없이
많은 웹사이트에서도
그림과 내용을
참고했습니다만
일일이 기억하기 힘들어
문턱이 닳도록 다닌
몇 군데만
간단히 소개합니다.

대한민국 국회 도서관 http://www.nanet.go.kr
과학문화 포털 사이언스 올 http://www.scienceall.com
과학동아 http://www.dongascience.com
수학사랑 http://www.mathlove.co.kr
창의세상 http://www.creative.re.kr
코르비스 이미지 http://www.corbisimages.com/
프레스 포토 http://www.pressphoto.co.kr

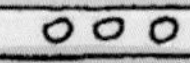

그림으로 보는 세계사 · 과학사 연표

BC 2500만 년경
인류가 처음으로
등장하다

BC 7000년경
촌락 생활을
시작하다

세계사

과학사

BC 40만 년경
불을 사용하고
털가죽 옷을 입다

BC 1만 5000년경
농경을
시작하다

BC 3만 년경
낚싯바늘, 활,
창 등 정교한
도구를 사용하다

BC 7000년경
가축을 기르고
토기를 사용하다

BC 3300년경
수메르에서
쐐기문자가
만들어지다

BC 1850년경
바빌로니아에서
함무라비 법전이
만들어지다

BC 221년경
진의 시황제,
중국을 통일하다

BC 4000년경
처음으로 도시가
생겨나다

BC 3100년경
이집트가
통일되다

BC 900년경
올멕 문명이
시작되다

BC 58년경
로마의 카이사르,
갈리아를
정복하다

BC 3000만 년경
이집트, 바빌론,
인도, 중국에서 천문
관측을 시작하다

BC 600년경
텔레스가 처음으로
자연철학을 시작하고,
일식을 예측하다

BC 400년경
데모크리토스가
고대 원자론을
시작하다

BC 325년경
에우클레이데스가
기하학을
집대성하다

BC 2000년경
메소포타미아에서
산수와 시간, 길이
단위를 사용하다

BC 540년경
피타고라스,
피타고라스의 정리를
발견하다

BC 400년경
히포크라테스가
의술을 세우다

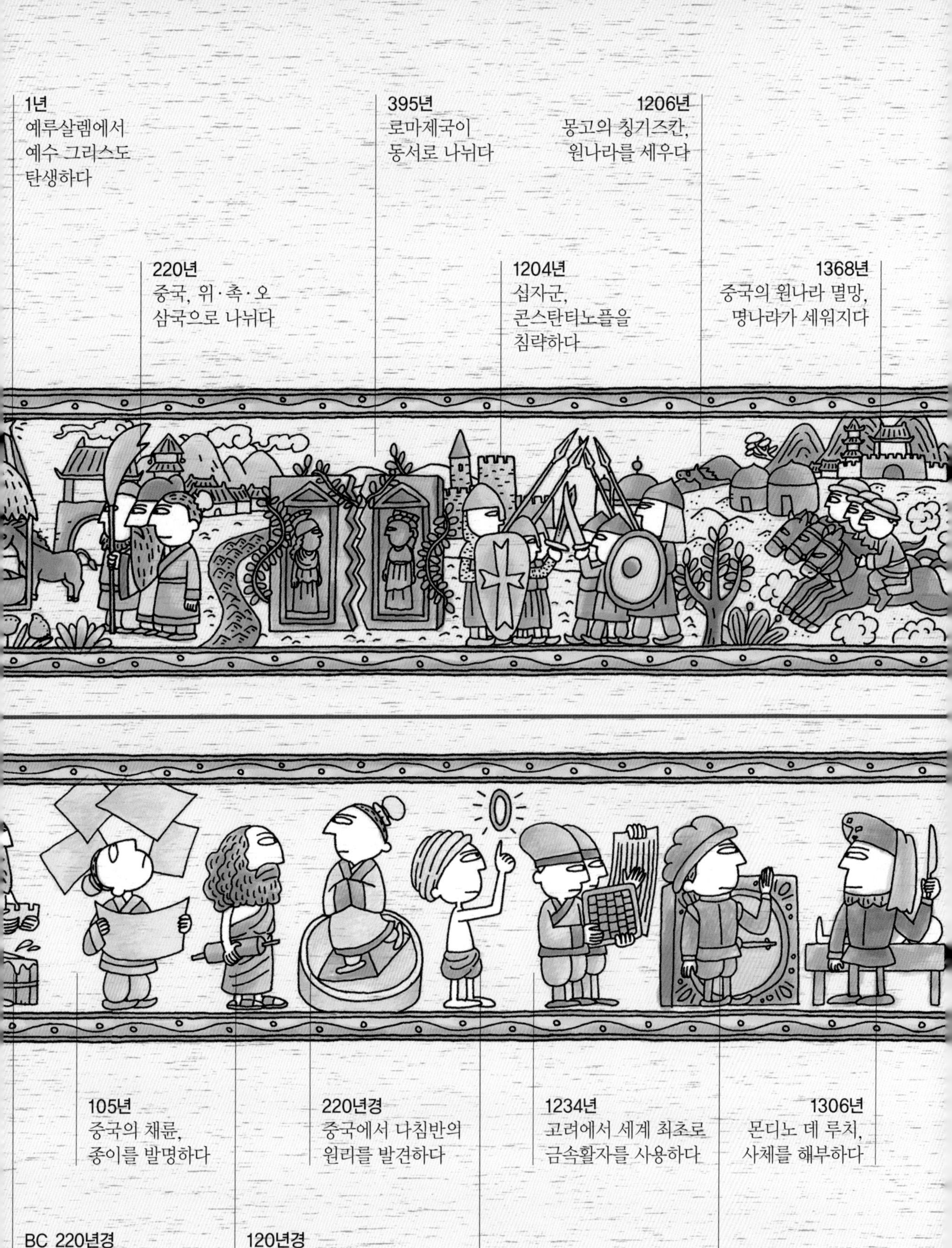
1년
예루살렘에서
예수 그리스도
탄생하다
220년
중국, 위·촉·오
삼국으로 나뉘다
395년
로마제국이
동서로 나뉘다
1204년
십자군,
콘스탄티노플을
침략하다
1206년
몽고의 칭기즈칸,
원나라를 세우다
1368년
중국의 원나라 멸망,
명나라가 세워지다
BC 220년경
아르키메데스가
부력의 원리를
발견하다
105년
중국의 채륜,
종이를 발명하다
120년경
프톨레마이오스,
『알마게스트』를
완성하다
220년경
중국에서 나침반의
원리를 발견하다
595년
인도에서
'0'을 발견하다
1234년
고려에서 세계 최초로
금속활자를 사용하다
1300년경
기계시계가
발명되다
1306년
몬디노 데 루치,
사체를 해부하다

1492년
콜럼버스,
아메리카 대륙을
발견하다

1519년
마갈랴잉시가
세계일주를
시작하다

1517년
독일의 루터,
종교개혁을
일으키다

1588년
영국, 에스파냐의
무적함대를 격파하다

1541년
3차방정식의
일반 해법을
발견하다

1543년
베살리우스,
『인체의 구조에
대하여』가 나오다

1590년
네덜란드의 얀센,
현미경을 발명하다

1600년
길버트,
『자석에
대하여』를
쓰다

1450년
구텐베르크가
활판 인쇄술을
알리다

1543년
코페르니쿠스가
지동설을 주장하다

1582년
교황 그레고리우스 13세,
그레고리력(태양력)을
제정하다

1613년
러시아, 로마노프 왕조가 세워지다

1616년
중국, 누르하치가 청을 세우다

1620년
영국의 청교도들이 아메리카로 이주하다

1640년
영국, 청교도혁명이 일어나다

1675년
영국, 그리니치 천문대를 세우다

1688년
영국, 명예혁명이 일어나다

1609년
케플러의 제1·2법칙이 나오다

1628년
하비, 혈액순환 이론을 발표하다

1632년
갈릴레이, 지동설을 주장하다

1662년
로버트 보일, 보일의 법칙을 발견하다

1665년
로버트 훅, 세포를 발견하다

1673년
레벤후크, 미생물을 발견하다

1676년
로메르, 빛의 속도를 계산하다

1687년
뉴턴, 만유인력의 법칙을 발표하다

1712년
증기기관이 만들어지다

1775년
미국, 독립전쟁이
일어나다

1804년
프랑스,
나폴레옹 1세가
왕위에 오르다

1705년
핼리혜성이
발견되다

1789년
프랑스혁명이
일어나다

1758년
린네, 생물 분류의
체계를 세우다

1791년
갈바니,
동물 전기를
발견하다

1796년
제너, 종두법을
만들다

1752년
프랭클린,
피뢰침을
발명하다

1787년
샤를, 기체 팽창의
법칙을 발견하다

1795년
허튼, 지층의
원리를 알아내다

1803년
돌턴, 원자론을
주장하다

1823년
미국, 먼로 대통령
먼로주의를
선언하다

1840년
청나라와 영국이
아편전쟁을
벌이다

1848년
독일, 마르크스와 엥겔스
「공산당 선언」을
발표하다

1863년
미국, 링컨
노예해방을
선언하다

1833년
패러데이,
전기 분해의
법칙을 발견하다

1859년
다윈, 『종의 기원』을
발표하다

1865년
멘델,
유전의 법칙을
발견하다

1885년
파스퇴르,
광견병 백신을
발명하다

1895년
뢴트겐, X선을
발견하다

1898년
퀴리 부부,
라듐을 발견하다

1916년
아인슈타인,
상대성이론을
완성하다

1914년
제1차 세계대전이
일어나다

1919년
베르사유 조약이
체결되다

1929년
세계 대공황이
시작되다

1939년
제2차 세계대전이
일어나다

1945년
미국이 일본에
원자폭탄 투하,
제2차 세계대전이
끝나다

1992년
소비에트 연방이
해체되다

세계사

과학사

1929년
허블, 우주 팽창을
발견하다

1953년
왓슨과 크릭,
DNA 분자구조를
밝히다

1961년
가가린, 인류 최초로
우주비행을 하다

1969년
아폴로 11호
달 착륙에
성공하다

1978년
최초의
시험관 아기가
탄생하다

1997년
복제양 '돌리'가
탄생하다